5G 新技术丛书

移动通信频谱技术与 5G 频率部署

马红兵 聂 昌 冯 毅 周 瑶
裴郁杉 王 伟 刘 磊 张雨驰 编 著

電子工業出版社
Publishing House of Electronics Industry
北京 • BEIJING

内容简介

无线电频谱是所有无线电业务的稀缺、关键资源。对移动运营商而言，频谱资源是网络建设和竞争的基础，也是开展移动通信频率规划、重耕和演进的前提。

本书重点介绍移动通信频谱技术与应用，主要内容包括：IMT 频谱标准化组织介绍，无线通信系统频率特性与干扰分析，IMT 频率划分、规划、分配、拍卖，系统间干扰的主要解决方案探讨，IMT 频率重耕，5G 频率及部署探讨，频谱共享，边境（界）频率协调，政策监管等。

本书不仅适合移动通信频谱研究、网络规划和建设等通信从业人员阅读，还适合高等院校电子通信专业的师生阅读和参考。

图书在版编目（CIP）数据

移动通信频谱技术与 5G 频率部署 / 马红兵等编著. —北京：电子工业出版社，2020.4
（5G 新技术丛书）
ISBN 978-7-121-38189-8

Ⅰ. ①移…　Ⅱ. ①马…　Ⅲ. ①无线电技术－频谱　Ⅳ. ①TN014

中国版本图书馆 CIP 数据核字（2019）第 298139 号

责任编辑：李树林
印　　刷：北京虎彩文化传播有限公司
装　　订：北京虎彩文化传播有限公司
出版发行：电子工业出版社
　　　　　北京市海淀区万寿路 173 信箱　邮编：100036
开　　本：720×1000　1/16　印张：13.75　字数：246 千字
版　　次：2020 年 4 月第 1 版
印　　次：2021 年 5 月第 2 次印刷
定　　价：69.00 元

凡所购买电子工业出版社图书有缺损问题，请向购买书店调换。若书店售缺，请与本社发行部联系，联系及邮购电话：（010）88254888，88258888。

质量投诉请发邮件至 zlts@phei.com.cn，盗版侵权举报请发邮件至 dbqq@phei.com.cn。

本书咨询和投稿联系方式：（010）88254463，lisl@phei.com.cn。

序

人类生活在一个不断变化的世界中，人类社会适应世界、认知世界和改造世界的步伐从未停止，从采集野果到作物种植标志着人类进入农耕文明时代，从手工作坊到蒸汽机大生产标志着人类进入工业文明时代，从电报通信到手机上网标志着人类进入移动互联时代。随着 5G 时代的到来和人工智能（AI）技术的逐步成熟，我们正加速进入以移动通信技术、云计算、大数据、物联网和人工智能技术为基础的万物智联时代！

30 多年来，移动通信深刻地改变了人们的生活，从最初满足任何时间、任何位置、任何人拨电话、收短信需求到现在的用微信、逛网站、发邮件、打游戏、网约车、看 4K 视频等，可以说发生了天翻地覆的变化。移动通信技术是实现这一变化的基础，而支持这一基础的是电磁场理论，只不过从 1G 到 5G 的升级换代除上网速率更快、业务更丰富之外，无不伴随着更大的频率带宽、更高的频谱效率、更低的空口时延。这些技术的进步源自大量科学家对频率、信道、编码更加高效的规划、研发与创新，源自对性能的极致追求，各个国家的无线电管理机构在进行 5G 频率规划和分配时，都尽可能给各运营商规划出 6 GHz 以下 100 MHz 连续带宽，以及毫米波频段 400～800 MHz 连续带宽，以支持更优异的网络性能和预留可持续发展的空间。客观地讲，没有充足的无线电频谱资源的支持，再好的移动通信技术也会变成无本之木，再有潜力的移动业务也是水中花镜中月，“看不见摸不着”的无线电频谱已经成为关系国计民生乃至国家竞争力的重要战略资源。由于无线电频谱具有稀缺性的特点，研究、优化、提升频谱效率十分关键，加强频谱管理、降低无线电频率干扰十分重要。

2019 年，全球范围内 5G 商业化进程全面加快，由于 5G 具有大带宽、低时延、大连接三大特征，特别是从 2G/3G/4G 时以 2C 业务为主，转变为 5G 时代 2C 与 2B 并重，2B 业务的巨大差异性将对频率规划、频率配置、频率共存、技术制式选择，甚至核心网提出更为严峻的挑战。同时，5G 网络潜在的高投资及高运营成本也将影响运营商5G频段的选择和网络部署策略。

本书围绕上述问题，由外及内，由浅入深，进行了系统的阐述。

本书作者长期从事频率规划、标准制定、网络建设、维护优化等工作，拥有系统的无线电频谱研究基础和丰富的实践经验，作者全面分享了他们多年来在频率划分、规划、分配、干扰、保护、重耕、共享、协调等方面的研究成果、成功经验和典型案例，具有很强的借鉴意义和推广价值。通过本书，相信一定会为从事频谱管理、标准研究、网络运营的人员及广大读者带来莫大的帮助！

中国工程院院士 刘韵洁

2020年1月

前 言

无线电频谱是所有无线电业务（如广播业务、卫星业务、科学业务、地面业务等）的稀缺、关键资源。对移动运营商而言，频谱资源是网络建设和竞争的基础，移动通信频率规划、重耕和演进是运营商移动网络规划和发展的重要参考。

从整体上看，移动通信频谱相关的研究和标准化工作主要分为三个层面。一是国际电信联盟（主要是ITU-R及各区域性标准化组织）及3GPP层面。国际电信联盟层面主要是在世界无线电通信大会（World Radiocommunication Conference，WRC）议题框架下，谋划未来在全球、区域或国家层面能够新增移动通信频率划分，以及在已有的移动通信频率划分中，开展各个频段的移动通信频率划分方案研究，其中频谱需求预测、系统间干扰共存等是研究的核心。在3GPP层面，主要根据各运营商实际分配或将要分配的移动通信频谱，研究、制定相关的系统标准及射频指标要求。二是国内无线电管理机构及频谱相关的标准化层面，主要涉及CCSA、IMT推进组频谱工作组、垂直行业频谱研究组等。其核心内容是开展IMT频谱需求预测，国内各个重点频段的频率规划及系统间干扰共存研究，垂直行业的用频及共存研究、国内IMT系统的带内及带外射频指标要求，以及与相邻国家的无线电管理机构开展边境（界）频率协调等。三是运营商层面。一方面，对外需要积极参与国际电信联盟、3GPP和国内无线电管理机构层面的各个研究，在全球及国内与产业链共同争取新增移动通信频谱资源以及推动更好的频率规划方案；另一方面，需要根据各运营商自身移动网络的各个频段的使用情况、业务发展情况开展相关频谱技术和应用研究，提出相应的频率重耕、频段定位及规划演进的建议。当然，国内新的IMT频谱和政策申请，不仅是各运营商频谱研究的重要和核心工作之一，而且是相互竞争最为激烈的领域。一个好的频谱及政策申请方案，除了解最新的政策监管动态外，还需要平时对上述各个层面进行研究积累，以及对全球各主要热点事件的研究和掌握。

本书主要围绕上述三个层面的研究进行分析和梳理，由外及内，由浅入深。第1章至第4章围绕国际、国内主要的标准化组织及新增IMT频率划分、无线通信系统间的干扰分析及IMT频率规划展开，使读者对整个标准化工作、系统间干扰及频率规划等的核心研究内容、主要原则、研究方法、工作方式，以及当前最新的进展有一个全面的了解。第5章至第6章主要对IMT频谱分配、拍卖的主要方式和方法、全球的典型频谱拍卖案例及背后的规律，基于全球部分中端、低端频谱的拍卖价格和方法等进行了分析和介绍。第7章至第8章主要对干扰共存的解决方案、IMT频率重耕的需求及关键技术与重耕策略，结合案例进行了深入分析和介绍。第9章探讨了5G的频率规划和部署策略，这也是近期产业界关注的热点内容。第10章介绍了频谱共享的理念和两种共享模式。第11章介绍边境（界）频率协调的必要性、主要原则和边境频率协调的案例。第12章从宏观的角度探讨了政策监管的必要性和迫切性。

本书是作者近十年来负责和承担频率规划、申请、重耕及相关研究、相关项目和标准化工作的阶段性总结，也是从事频谱和政策研究团队集体智慧的结晶，希望能给当前以及后续从事移动通信频谱研究的人士提供参考。其中，马红兵负责全书的组织编写和讨论，并对全书进行了统稿。聂昌负责本书的第1章、第8章、第9章和第12章部分章节的编写，并协助马红兵对全书进行了统稿；周瑶负责第2章、第3章、第4章的编写；裴郁杉负责第1章部分章节、第5章和第6章的编写；王伟负责第7章、第8章部分章节和第10章的编写；刘磊负责第11章的编写；张雨驰负责第12章部分章节的编写。在编写过程中，作者参考了大量的文献资料，在此对文献作者表示诚挚的感谢。

感谢刘韵洁院士对本书出版的大力支持，并欣然作序。在本书的编写过程中，我们还得到了中国联通集团网络发展部总经理傅强、网络发展部经理邱涛、技术部经理王靖宇的大力支持和帮助，在此一并表示感谢。

限于作者的水平和能力，书中可能有不足与谬误之处，恳请读者提出宝贵意见和建议。

作　者

2020年1月

目录

第1章 IMT 频谱标准化组织介绍

IMT 频谱标准化组织分为国际和国内两个层面。在国际层面，ITU-R 相关的标准化研究主要围绕 IMT 业务新增频率划分及规划来开展，涉及 WRC、ITU-R WP5D、WP5A/5C、TG5/1 以及各区域研究组织；3GPP 标准化研究主要根据各运营商实际分配或将要分配的 IMT 频率，开展相关的系统标准及射频指标的研究；GSMA 作为移动通信的行业代表，参加 ITU-R 新增 IMT 频率划分及规划的研究。在国内层面，CCSA 和 IMT-2020（5G）推进组频谱工作组是国内 IMT 频率规划、系统间干扰共存、频谱需求预测的主要研究组；工业互联网产业联盟频谱工作组是重要的垂直行业用频需求和频率规划研究组。

本章主要介绍国际、国内 IMT 频谱相关的主要标准化组织及其工作和定位。IMT 频谱相关标准化工作主要解决以下问题：

（1）为 IMT 业务新增频率划分和分配频率，并为相应的频率定义信道安排和射频指标。

（2）为每一代 IMT 技术，开展业务和频谱需求的预测，对候选技术进行性能评估，并进行最终选择和推荐。

（3）研究 IMT 业务与其他无线电业务的干扰共存；研究同频或邻频条件下，IMT 系统的保护准则（包括 IMT 系统间的保护及其他无线电业务对 IMT 的保护）和 IMT 业务对其他无线电业务的保护准则，以及为达到保护要求而为 IMT 设备设定的射频指标限制。

（4）在全球或区域范围内，尽量协调一致的 IMT 频段以及频率规划方案，以实现更大的规模经济，降低 IMT 网络部署及终端研发成本。

下面将分节介绍上述标准化组织的研究职责和范围。

1.1 ITU-R

全球无线电频谱管理和卫星轨道资源管理是国际电信联盟无线电通信组（ITU-R）的两大核心职责。无线电相关业务包括固定、移动、广播、卫星、科学、水上、航空、业余爱好者等。各个业务在其发展过程中，都有不断增长的用频需求，尤其是国际移动通信（IMT）业务，自2000年以来，其业务量和用频需求都一直在快速增长，原有的IMT频率划分已经难以满足其快速增长的需求。

因此，ITU-R需要统筹管理各个业务的增长和用频需求，以确保所有无线电通信服务能够以合理、公平、有效和经济的方式使用无线电频谱，尽量兼顾各方利益，为协调开发和有效利用现有和新的无线电通信系统创造有利条件。

从方法上，ITU-R主要通过世界和区域性无线电大会，实施《无线电规则》和《区域性协议》，解决和平衡各方需求，及时有效地更新这些法律文件，保障无线电系统操作免受干扰。此外，无线电标准化组织制定的“建议书”将确保在操作无线电通信系统时具有的必要性能和质量。ITU-R还在寻求节约频谱的方式和方法，使未来的扩容和新技术发展具备充分的灵活性[1]。

1.1.1 WRC

世界无线电通信大会（World Radiocommunication Conferences，WRC）[2]，作为ITU-R最高级别的会议，一般3～4年召开一次，大会主要研究确定多种无线电地面业务和空间业务的新增频率划分、卫星轨位资源使用规则程序以及不同业务间的共用规则，修订国际《无线电规则》的相关条款[3]。

每届世界无线电通信大会的讨论形式为：

（1）分组讨论本届大会的各个议题，各议题由上一届WRC确定并指定议题研究的ITU-R负责组和相关组，经过两次WRC之间的研究周期，由WRC筹备会议（CPM），汇总ITU-R层面的各个WRC议题的CPM报告，供全球各个主管机构在下一届WRC大会上参考。在WRC大会中，各个国家的主管机构根据其核心利益及顺序，参考各个议题的 CPM 研究报告，与各主要支持和反对国家进行协商（必要时也有交易）。以新增 IMT 频率划分为例，其最高的协调目标是全球统一新增一致的频率划分，其次是协调区域一致的频率划分，最后是以国家脚注的方式为 IMT 新增频率划分。

（2）讨论和明确下一届 WRC 大会议题，如在 2015 年世界无线电大会结束后，立即召开了 2019 年世界无线电通信大会（WRC-19）第一次大会筹备会议（CPM19-1），会议上确定了约 30 项 WRC-19 相关的研究议题[3]，与移动通信相关的主要议题见表 1-1。

表 1-1 与移动通信相关的 WRC-19 议题简介

议 题 名 称	议题主要内容	ITU-R 参考决议	ITU-R 研究负责组
1.13 5G 高频段	根据第 238〔COM6/20〕号决议（WRC-15），审议为国际移动通信（IMT）的未来发展确定频段，包括为作为主要业务的移动业务做出附加划分的可能性	第 238〔COM6/20〕号决议（WRC-15）	TG 5/1
1.16 RLAN	根据第 239〔COM6/22〕号决议（WRC-15），审议 5 150～5 925 MHz 频段内包括无线局域网在内的无线接入系统（WAS/RLAN）的相关问题，并采取适当规则行动，包括为移动业务做出附加频率划分	第 239〔COM6/22〕号决议（WRC-15）	WP5A
9.1 问题 9.1.1，大 S 问题	在 1 885～2 025 MHz 和 2 110～2 200 MHz 频段实施国际移动通信系统	第 212 号决议（WRC-15，修订版）	WP4C 和 WP5D
9.1 问题 9.1.2，L 频段 IMT 与 BSS 共存问题	1 区和 3 区 1 452～1 492 MHz 频段内国际移动通信和卫星广播业务（声音）的兼容性	第 761〔COM4/7〕号决议（WRC-15）	WP4A 和 WP5D
9.1 问题 9.1.8，物联网	研究无线电网络和系统的技术、操作问题及频谱要求，其中包括为支持实施窄带和宽带机器类通信基础设施统一使用频谱的可能性，并酌情制定建议书、报告和/或手册，以及在国际电信联盟无线电通信部门工作范围内采取适当行动	第 958〔COM6/15〕号决议（WRC-15）附件中的问题 3	WP5D
1.11 铁路议题	根据第 236〔COM6/12〕号决议（WRC-15），酌情采取必要行动促进全球或区域性的统一频段，以便在现有移动业务划分内为列车与轨旁的铁路无线电通信系统提供支持	第 236〔COM6/12〕号决议（WRC-15）	WP5A

续表

议题名称	议题主要内容	ITU-R 参考决议	ITU-R 研究负责组
1.12 智能交通议题	根据第 237〔COM6/13〕号决议（WRC-15），在现有移动业务划分下，尽可能为实施演进的智能交通系统（ITS）考虑可能的全球或区域统一频段	第 237〔COM6/13〕号决议（WRC-15）	WP5A
1.14 HAPS 议题	根据第 160〔COM6/21〕号决议（WRC-15），在 ITU-R 所开展研究的基础上，考虑在现有固定业务划分内，对高空平台台站（HAPS）采取适当的规则行动	第 160〔COM6/21〕号决议（WRC-15）	WP5C
1.6 卫星议题	审议根据第 159〔COM6/18〕号决议（WRC-15），为可能在 37.5～39.5 GHz(空对地)、39.5～42.5 GHz（空对地）以及 47.2～50.2 GHz（地对空）和 50.4～51.4 GHz（地对空）频段内操作的 non-GSO FSS 卫星系统制定规则框架	第 159〔COM6/18〕号决议（WRC-15）	WP4A
9.1 问题 9.1.9，卫星议题	与 51.4～52.4 GHz 频段卫星固定业务（地对空）的频谱需求和可能做出新划分有关的研究	第 162〔COM6/24〕号决议（WRC-15）	WP4A
1.3 卫星议题	根据第 766〔COM6/8〕号决议（WRC-15），考虑将 460～470 MHz 频段内卫星气象业务（空对地）的次要划分升级为主要划分和为卫星地球探测业务（空对地）提供主要业务划分的可能性	第 766〔COM6/8〕号决议（WRC-15）	WP7B

1.1.2 各研究组说明

ITU-R 下设 6 个研究组（Study Group，SG）[4]，根据 WRC 大会的决议分别在频谱管理和不同业务方面对 WRC 议题进行研究，研究组可以输出相应的研究报告、建议书、手册等。

各研究组针对不同的研究范围下设多个工作组（Working Party，WP）。ITU-R 各研究组结构及研究职责范围见表 1-2。

表 1-2　ITU-R 研究组结构及研究职责范围

研究组	职 责 范 围	工作组结构
SG 1	频谱管理，包括频谱管理原则和技术共存基本原则、频谱监测、频谱利用的长期策略、国家频谱管理的经济化方式、自动化技术，以及协助发展中国家与国际电信联盟发展部门的合作	WP 1A—频谱工程技术 WP 1B—频谱管理方法与经济战略 WP 1C—频谱监测
SG 3	电波传播，包括在电离/非电离介质中的电波传播和无线电噪声特性	WP 3J—传播基础 WP 3K—点对区域传播 WP 3L—电离传播和无线电噪声 WP 3M—点对点和地对空传播
SG 4	卫星业务，包括卫星固定业务（Fixed-Satellite Service，FSS）、卫星移动业务（Mobile-Satellite Service，MSS）、卫星广播业务（Broadcasting-Satellite Service，BSS）和卫星无线电测定业务（Radiodetermination-Satellite Service，RDSS）的系统和网络	WP 4A—FSS 和 BSS 轨位/频率的有效利用 WP 4B—FSS、BSS 和 MSS 的系统、空口、性能和可用目标，包括基于 IP 的应用和卫星新闻采集 WP 4C—MSS 和 RDSS 轨位及频率的有效利用
SG 5	地面业务，包括固定业务、移动业务、无线电定位业务、业余和业务卫星业务	WP 5A—30 MHz 以上陆地移动业务（除 IMT）、固定业务中的无线接入、业余和业务卫星业务 WP 5B—水上移动业务，包括全球水上遇险和安全系统（Global Maritime Distress and Safety System，GMDSS）、航空移动业务和无线电定位业务 WP 5C—固定业务，HF 和其他低于 30 MHz 的固定和陆地移动业务系统 WP 5D—IMT 系统
SG 6	广播业务，主要指无线电通信广播，包括面向大众分发的图像、语音、多媒体和数据业务	WP 6A—陆地广播分发 WP 6B—广播业务组件和接入 WP 6C—节目制作和质量评估
SG 7	科学业务，主要指空间操作、空间研究、地球探测和气象学系统，包括卫星间业务链路的相关使用；在地面和空间平台上运行的遥感系统，包括被动和主动遥感系统；射电天文和雷达天文；标准频率和时间信号服务的传播、接收和协调，包括在全球范围内卫星技术的应用	WP 7A—时间信号和频率标准杂散：用于传播标准时间和频率信号的系统和应用 WP 7B—空间无线电通信应用：用于空间操作、空间研究、地球探测和气象卫星业务的系统和应用 WP 7C—遥感系统：地球探测卫星业务的主动和被动遥感应用以及空间研究传感器，包括行星传感器 WP 7D—射电天文：地基和空基射电天文学和雷达天文学传感器，包括空间甚长基线射电干涉测量

1.1.3 其他非常设工作组

有些 WRC 议题在为业务争取新增频率划分时，涉及同频及邻频已有业务的共存与保护，无法在一个研究组内完成所有研究，此时 ITU-R 可能会组建非常设工作组进行专题研究。

例如，在 WRC-15 周期中，议题 1.1 和议题 1.2 要为 IMT 寻找新的全球统一频率划分，涉及对卫星业务、广播业务和科学业务等的干扰共存研究，因此 ITU-R 设立了 4-5-6-7 联合工作组（Joint Task Group，JTG）；在 WRC-19 周期中，吸取了 JTG 4-5-6-7 工作推进缓慢的经验，在 SG 5 下设了 TG 5/1，专题负责 WRC-19 议题 1.13，研究 5G 新增毫米波频段的频率划分。

1.2 区域性标准化组织

1.2.1 CEPT

欧洲邮电管理委员会（European Conference of Postal and Telecommunications Administrations，CEPT）是欧盟的邮政及电信业务主管部门。1959 年，CEPT 由 19 个国家建立，是欧盟电信和邮政的协调机构，现已有 48 个国家会员。CEPT 分为三个业务委员会及常设办公室，分别是电子通信委员会（Electronic Communications Committee，ECC）、欧洲邮政法规委员会（European Committee for Postal Regulation，CERP）、国际电联政策委员会（Committee for ITU Policy，Com-ITU）和欧洲通信办公室（European Communications Office，ECO）[5]。

ECC 负责制定欧洲电子通信及相关应用的通用政策和法规，并协调频谱的规划和使用。ECC 组织架构如图 1-1 所示。

项目工作组 1（PT1）负责国际移动通信（IMT）相关问题的研究和各种成果报告的审查，包括兼容性、频段规划，以及 WRC-19 议题 1.13 和议题 9.1.1 的研究等。

筹备会议工作组（Conference Preparatory Group，CPG）负责 WRC 各个议题的研究（IMT 议题除外），以及制定各议题欧洲的共同提案，下设有 4 个项目工作组（Project Team，PT）。CPG-19 的主要研究议题见表 1-3。

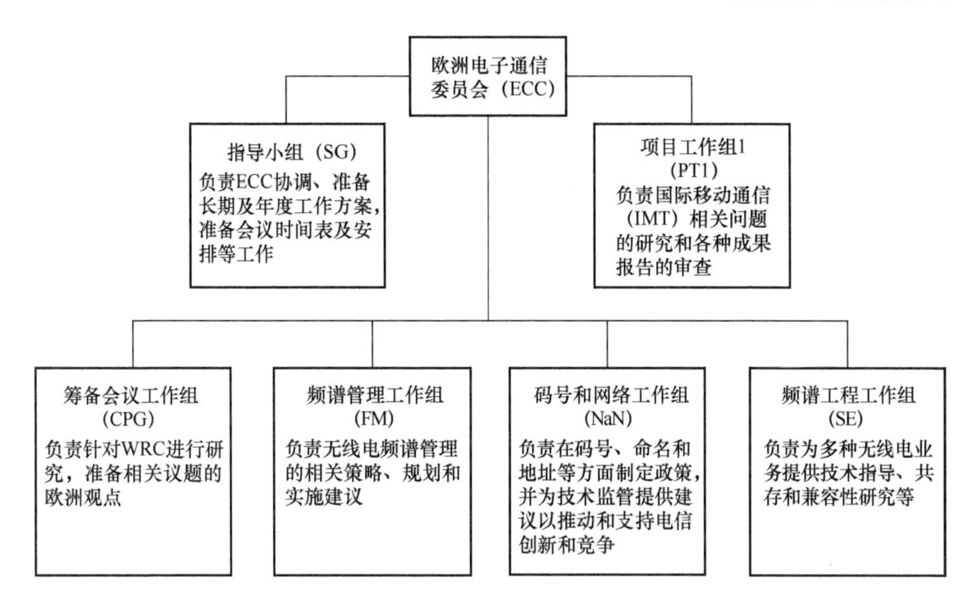

图 1-1　ECC 组织架构

表 1-3　CPG-19 组织结构和研究议题

项目工作组	研 究 议 题
工作组 A	1.2 根据第 765〔COM6/7〕号决议（WRC-15），审议在 401～403 MHz 和 399.9～400.05 MHz 频段内卫星移动业务、卫星气象业务和卫星地球探测业务中操作的地球站的带内功率限值。 1.3 根据第 766〔COM6/8〕号决议（WRC-15），考虑将 460～470 MHz 频段内卫星气象业务（空对地）的次要划分升级为主要划分和为卫星地球探测业务（空对地）提供主要业务划分的可能性。 1.7 根据第 659〔COM6/19〕号决议（WRC-15），研究承担短期任务的非对地静止卫星空间操作业务测控的频谱需求，评定空间操作业务现有划分是否适当，并在需要时考虑新的划分。 1.14 根据第 160〔COM6/21〕号决议（WRC-15），在 ITU-R 所开展研究的基础上，考虑在现有固定业务划分内，对高空平台台站（HAPS）采取适当的规则行动。 1.15 根据第 767〔COM6/14〕号决议（WRC-15），考虑为主管部门确定在 275～450 GHz 频率范围操作的陆地移动和固定业务应用所使用的频率。 2 根据第 28 号决议（WRC-15，修订版），审议经修订的 ITU-R 建议书，以参考、引证方式纳入无线电通信全会传达的《无线电规则》中，并根据第 27 号决议（WRC-12，修订版）附件 1 包含的原则，决定是否更新《无线电规则》中的相应引证。 4 根据第 95 号决议（WRC-07，修订版），审议往届大会的决议和建议，以便对其进行可能的修订、取代或废止。

续表

项目工作组	研 究 议 题
工作组 A	8 在顾及第 26 号决议（WRC-07，修订版）的同时，审议主管部门有关删除其国家脚注或将其国名从脚注中删除的请求（如果不再需要），并就这些请求采取适当行动。 10 根据《国际电信联盟公约》第 7 条，向理事会建议纳入下届世界无线电通信大会议程的议项，并对随后一届大会的初步议程以及未来大会可能的议项发表意见
工作组 B	1.4 根据第 557〔COM6/9〕号决议（WRC-15），审议研究结果，考虑附录 30（WRC-12，修订版）附件 7 所述的限制，并在必要时对其进行修订，同时不对计划和清单中的指配、计划中的卫星广播业务、现有和计划中的卫星固定业务网络的未来发展施加任何其他约束。 1.5 根据第 158〔COM6/17〕号决议（WRC-15），审议与卫星固定业务对地静止空间电台进行通信的动中通地球站，对 17.7～19.7 GHz（空对地）和 27.5～29.5 GHz（地对空）频段的使用并采取适当行动。 1.6 审议根据第 159〔COM6/18〕号决议（WRC-15），为可能在 37.5～39.5 GHz（空对地）、39.5～42.5 GHz（空对地）以及 47.2～50.2 GHz（地对空）和 50.4～52.4 GHz（地对空）频段内操作的 non-GSO FSS 卫星系统制定规则框架。 7 根据第 86 号决议（WRC-07，修订版），考虑为回应全权代表大会第 86 号决议（2002 年，马拉喀什，修订版）——“卫星网络频率指配的提前公布、协调、通知和登记程序”，而可能做出的修改和采取的其他方案，以便为合理、高效和经济地使用无线电频率及任何相关联轨道（包括对地静止卫星轨道）提供便利。 9.1.3 为回应第 80 号决议（WRC-07，修订版）而采取的行动。 9.1.7 问题（2）第 958〔COM6/15〕号决议（WRC-15）的附件。 9.1.9 第 162〔COM6/24〕号决议（WRC-15），关于 51.4～52.4 GHz 频段卫星固定业务（地对空）的频谱需求和可能做出新划分的研究。 9.2 应用《无线电规则》过程中遇到的任何困难或矛盾。 9.3 为回应第 80 号决议（WRC-07，修订版）而采取的行动
工作组 C	1.8 根据第 359 号决议（WRC-15，修订版），审议可能采取的规则行动，以支持全球水上遇险和安全系统（GMDSS）现代化并支持为 GMDSS 引入更多卫星系统。 1.9.1 根据第 362〔COM6/10〕号决议（WRC-15），在 156～162.05 MHz 频段内为保护 GMDSS 和自动识别系统（AIS）的自主水上无线电设备采取规范行动。 1.9.2 第 360 号决议（WRC 15，修订版），审议卫星水上移动业务的规则性条款与频率划分，以实现 VHF 数据交换系统的卫星部分和增强型水上无线电通信。 1.10 第 426〔COM6/11〕号决议（WRC-15），有关引入和使用全球航空遇险和安全系统的频谱需求、规则和规定的研究。 9.1.4 第 763〔COM5/7〕号决议（WRC-15），亚轨道飞行器机载电台
工作组 D	1.1 第 658〔COM6/6〕号决议（WRC-15），在 1 区将 50～54 MHz 频段划分给业余业务。

续表

项目工作组	研 究 议 题
工作组 D	1.11 根据第 236〔COM6/12〕号决议（WRC-15），酌情采取必要行动，尽可能促进全球或区域性的统一频段，以便在现有移动业务划分内，为实施列车与轨旁铁路无线电通信系统提供支持。 1.12 根据第 237〔COM6/13〕号决议（WRC-15），在现有移动业务划分下，尽可能为实施演进的智能交通系统（ITS）考虑可能的全球或区域统一频段。 1.16 根据第 239〔COM6/22〕号决议（WRC-15），审议 5 150～5 925 MHz 频段内包括无线局域网在内的无线接入系统（WAS/RLAN）的相关问题，并采取适当规则行动，包括为移动业务做出附加频率划分。 9.1.5 根据第 764〔COM6/1〕号决议（WRC-15），审查在《无线电规则》第 5.447F 和 5.450A 款中引证 ITU-R M.1638-1 和 M.1849-1 建议书的技术和规则影响。 9.1.6 问题（1）第 958〔COM6/15〕号决议（WRC-15）的附件

1.2.2 APT

亚洲–太平洋电信组织（Asia-Pacific Telecommunity，APT），简称亚太电信组织，是亚太地区政府间电信组织，总部设在泰国曼谷，其宗旨是促进亚太地区信息通信基础设施、电信业务和技术的发展与合作[6]。同时，在无线电频谱的使用和管理方面，特别是在给国际电信联盟的 WRC 提案方面，开展相关研究并统一成员国的意见。

APT 于 1979 年成立，目前共有会员国 38 个，准会员 4 个，列席会员 130 多个。APT 由大会、管委会和秘书处组成。大会是该组织的最高权力机构，每三年召开一次大会会议，主要职责是确定该组织的发展政策、战略规划和修订该组织的章程等；管委会是该组织的执行机构，每年召开一次会议；秘书处的职责主要是负责该组织总体事务的管理和协调。

亚太电信组织世界无线电通信大会筹备组（APT Conference Preparatory Group for World Radiocommunication Conference，APG）的主要目标是为 WRC 和 RA 组织协调本区域的活动，以确保 APT 成员在无线电通信相关议题上的利益得到适当体现，表 1-4 为 APG-19 研究结构和议题安排。

表 1-4　APG-19 研究结构和议题安排

工作小组	负责输出的 WRC-19 筹备会议章节	相关的 WRC-19 议题
工作小组 1	第一章 陆地移动和固定业务	1.11、1.12、1.14、1.15
工作小组 2	第二章 移动业务中的宽带应用	1.13、1.16、9.1（议题 9.1.1、9.1.5、9.1.8）
工作小组 3	第三章 卫星业务	1.4、1.5、1.6、7、9.1（议题 9.1.2、9.1.3、9.1.9）
工作小组 4	第四章 科学业务	1.2、1.3、1.7
工作小组 5	第五章 海事、航空和业余业务	1.1、1.8、1.9、1.10、9.1（议题 9.1.4）
工作小组 6	第六章 一般问题	2、4、8、9.1（议题 9.1.6、9.1.7）、10

1.2.3　CITEL

美洲电信联盟（Inter-American Telecommunication Commission，CITEL）是美洲国家组织的电信、信息通信技术咨询机构，1994 年在美洲国家组织大会上成立，其使命是促进电信、信息通信技术在南半球的可持续发展。目前，CITEL 成员包括美洲 35 个国家会员和 100 多个来自电信、互联网、电子媒体业的准会员和观察员。

1.2.4　ATU

非洲电信联盟（African Telecommunications Union，ATU）于 1999 年正式成立，是非洲促进信息和通信技术基础设施与服务发展的主要组织，目前共有 44 个国家会员和 16 个准会员。ATU 有以下五个功能：为全球电信相关决策的制定做出贡献，整合区域市场，吸引进入信息和通信技术基础设施的投资，培养相关人才和机构能力，管理成员关系。

1.2.5　ASMG

阿拉伯电信与信息部长理事会是阿拉伯国家联盟（LAS）处理阿拉伯世界电信、信息与邮政业务的最高机构。阿拉伯电信与信息部长理事会由联盟的 22 个国家会员组成，针对不同的活动下设常设委员会和常设小组。其中的一个常设小组是阿拉伯频谱管理组（Arab Spectrum Management Group，ASMG）。ASMG 于 2001 年成立，主要承担以下任务：

（1）在以下方面交流经验：国家频率划分规划与国家频率指配程序；频谱使用监测所采取的技术手段，包括为此类监测开展的协作；通过《无线电规则》，解决无线电频谱使用的兼容性问题。

（2）交换公认的无线电设备国家专业化与型号核准程序，以便协调和统一此类专业化设备并尽可能予以批准。

（3）提出有效、合理使用频谱的手段，以满足阿拉伯国家的频谱需求。

（4）为使用无线电设备而统一阿拉伯国家的国家频谱管理立法。

（5）协调阿拉伯国家在所有涉及无线电频谱的大会上的立场，特别是 WRC 和区域无线电通信大会（RRC），以根据阿拉伯国家的利益确定共同提案与共同立场。

（6）与各小组有效协作，并积极参与此类小组的频率协调会议。

（7）鼓励使用现代化的频谱通知与记录手段，例如，采用通用软件。

（8）协调阿拉伯国家在 ITU-R 研究组活动中的立场，并协调阿拉伯国家对无线电通信顾问组（RAG）和特别委员会的立场，以及对无线电规则委员会（RRB）后续活动的立场。

1.2.6 RCC

区域通信联合体（Regional Commonwealth in the field of Communications，RCC）于 1991 年由独联体国家在莫斯科成立。RCC 的使命是在尊重主权的基础上，开展新独立国家之间电信和通信的合作。1992 年 10 月，在吉尔吉斯斯坦的比什凯克，独联体国家政府首脑签署了《关于在邮政和电信服务领域的国家间关系的协调》，这使 RCC 有权在电信领域和邮政服务领域协调各机构。RCC 目前共有 11 个国家会员和 8 个观察员。

RCC 的主要目标是：扩大 RCC 主管部门之间的互利关系，协调网络和通信的发展，在科学和技术领域进行政策协调，在无线电频谱管理、通信服务等方面相互交流信息，与国际组织开展交流和信息领域的合作。

1.3 国际行业标准化组织

1.3.1 GSMA

全球移动通信系统协会（Global System for Mobile Communications Association，GSMA）[7]于1995年成立，是全球210多个国家和地区的将近800家移动通信运营商，以及超过400家与移动通信产业链相关的制造商、软件公司、设备供应商、互联网企业及相关行业的组织。GSMA每年还会在巴塞罗那、上海和洛杉矶举办世界移动通信大会（Mobile World Congress，MWC）。

与频谱工作相关的工作组是频谱战略管理组（Spectrum Strategy Management Group，SSMG），主要制定GSMA针对全球范围内战略性频谱研究热点议题的行业观点和立场文件，并寻求将相关观点及研究结果输入到国际电信联盟等关键国际标准化组织，同时开展频谱拍卖、频谱监管政策等研究。下设未来频谱组（FSG）、欧洲频谱组（FREQ）和频谱政策组（SPWG）3个主要研究子组，三个组的主要研究职责为：

未来频谱组：作为ITU-R及各地区通信组织的移动通信行业代表，牵头协调和输入WRC-19议题相关的行业研究，如深度参与WRC-19 AI 1.13议题，协调IMT各成员的资源，共享最新的信息，争取相对更好的研究结果，力争WRC-19大会能新增全球范围的5G高端频谱。

欧洲频谱组：主要协调欧洲地区的运营商和产业力量，讨论面向欧洲CEPT的热点研究议题，形成统一观点。

频谱政策组：主要开展频谱拍卖，3.5 GHz附近频段TDD多运营商同步等研究。

1.3.2 3GPP

3GPP成立于1998年12月，多个电信标准组织伙伴签署了《第三代伙伴计划协议》。3GPP最初的工作范围是为第三代移动通信系统制定全球适用技术规范和技术报告。随后 3GPP 的工作范围得到了改进，增加了对 UTRA 长期演进系统的研究和标准制定。目前，3GPP 有 7 个组织伙伴（OP），分别为欧洲的 ETSI、美国的 ATIS、日本的 TTC 和 ARIB、韩国的 TTA、印度的 TSDSI，以及我国的 CCSA。[8]

3GPP 自成立以来，成功开展了 3G、4G 和 5G 的标准化工作。其主要根据各运营商实际分配或将要分配的 IMT 频谱，开展相关的系统标准及射频指标的研究。3GPP 技术方面的工作由技术规范组（Technical Specification Groups，TSG）完成。目前 3GPP 共有 3 个技术规范组，即无线接入网（Radio Access Networks，RAN）、业务与系统（Services & Systems Aspects，SA）和核心网与终端（Core Network & Terminals，CT）。其中，与频谱研究相关的主要在 RAN 4，其负责移动网络（涵盖基站和终端）的射频（Radio Frequency，RF）研究，进行不同 RF 系统场景仿真，制定收发参数和信道解调的最小要求：

（1）基站、中继站、终端等的射频研究；

（2）基站、中继站射频一致性测试标准；

（3）基站和中继站的 EMC 标准化；

（4）终端 EMC 标准化；

（5）射频链路要求标准化；

（6）小区选择/重选性能测试标准化；

（7）支持无线资源管理的性能要求；

（8）物理层为上层无线系统场景分析和仿真提供的测量精度规范。

1.4 国内频谱标准化组织

1.4.1 CCSA

中国通信标准化协会（China Communications Standards Association，CCSA）于 2002 年 12 月 18 日在北京正式成立。该协会是国内企、事业单位自愿联合组织起来的，经业务主管部门批准，国家社团登记管理机关登记，开展通信技术领域标准化活动的非营利性法人社会团体。CCSA 目前共有 11 个技术工作委员会（见表 1-5）和 5 个特设任务组（见表 1-6），其中 TC5 WG8 负责无线通信的频率研究[9]。

表 1-5　CCSA 技术工作委员会组织架构与研究职责

技术工作委员会	研 究 职 责	组 织 架 构
TC1 互联网与应用	互联网基础设施和应用共性技术、数据中心、云计算、大数据、区块链、人工智能和各种应用	• WG1 总体 • WG2 业务与应用 • WG3 信源编码 • WG4 数据中心 • WG5 云计算 • WG6 大数据与区块链
TC3 网络与业务能力	信息通信网络（包括核心网、IP 网）的总体需求、体系架构、功能、性能、业务能力、设备、协议以及相关的 SDN/NFV 等新型网络技术	• WG1 网络总体 • WG2 网络信令协议与设备 • WG3 新型网络技术 • WG4 网络业务能力
TC4 通信电源与通信局站工作环境	通信设备电源、通信局站电源、通信局站工作环境	• WG1 通信电源 • WG2 通信机房环境
TC5 无线通信	移动通信、无线接入、无线局域网及短距离、卫星与微波、集群等无线通信技术及网络，无线网络配套设备及无线安全等标准制定，无线频谱、无线新技术等研究	• WG3 无线接入 • WG5 无线安全与加密 • WG6 前沿无线技术 • WG8 频率 • WG9 移动通信无线网 • WG10 卫星与微波通信 • WG11 无线网络配套设备 • WG12 移动通信核心网
TC6 传送网与接入网	传送网、系统和设备，接入网，传输媒质与器件，电视与多媒体数字信号传输等。 根据研究领域的分工，主要对 ITU-T SG15、SG6 等研究组及 IEC 相关 TC 的研究工作。 特别工作组（原 ITU-SG15 国内对口组）负责组织参加 ITU 会议的有关活动：组团、参会、总结报告（发往每个单位）	• WG1 传送网 • WG2 接入网及家庭网络 • WG3 线缆 • WG4 光器件
TC7 网络管理与运营支撑	网络管理与维护和电信运营支撑系统相关领域的研究及标准制定。根据研究领域的分工，主要对口 ITU-T SG4 的研究工作	• WG1 无线通信管理 • WG2 传送、接入与承载网管理 • WG3 ICT 服务管理与运营

续表

技术工作委员会	研究职责	组织架构
TC8 网络与信息安全	面向公众服务的互联网的网络与信息安全标准，电信网与互联网结合中的网络与信息安全标准，特殊通信领域中的网络与信息安全标准。 主要对口 ITU-T SG17 的工作	• WG1 有线网络安全 • WG2 无线网络安全 • WG3 安全管理 • WG4 安全基础
TC9 电磁环境与安全防护	电信设备的电磁兼容；雷击与强电的防护；电磁辐射对人身安全与健康的影响以及电磁信息安全。 根据研究领域的分工，主要对口 ITU-T SG5 的工作，另外分别与 IEC/CISPR、EN、IEEE、WHO、ANSI 等组织开展对口研究工作	• WG1 电信设备的电磁环境 • WG2 电信系统雷击防护与环境适应性 • WG3 电磁辐射与安全 • WG4 共建共享
TC10 物联网	面向泛在网相关技术，根据各运营商开展的与泛在网相关的各项业务，研究院所、生产企业提出的各项技术解决方案，以及面向具体行业的信息化应用实例，形成若干项目组，有针对性地开展标准研究	• WG1 总体 • WG2 应用 • WG3 基础设施和平台 • WG4 感知/延伸
TC11 移动互联网应用和终端	移动互联网应用的术语定义、需求、架构、协议、安全的研究及标准化；各种形态终端的能力及软硬件、接口、融合、共性等技术和终端周边组件、终端安全的研究及标准化。 根据研究领域划分，主要对口 ITU-T SG12、IETF、OMA、WAC、W3C、3GPP、3GPP2、GSMA 等国际标准组织中与移动互联网应用和终端领域相关研究组的研究工作	• WG1 总体协调 • WG2 业务平台与应用 • WG3 终端
TC12 航天通信技术	航天通信网络架构、协议，航天通信在行业中的应用，协同组网通信	• WG1 航天通信系统工作组 • WG2 航天通信应用工作组 • WG3 协同组网通信技术工作组

表 1-6 CCSA 特设任务组和研究职责

特设任务组	研究职责
ST2 通信设备节能与综合利用	从通信领域的节能、废旧物品回收处理、通信设备有害物质限值、清洁生产等几个方面开展相应的标准研究。对于上述这些领域，该特设任务组主要定位在通信领域节能与综合利用的标准体系和框架的研究，基础性、通用性标准的研制
ST3 应急通信	主要侧重于与应急通信相关的综合性、管理性和框架性的标准研究，包括政策支撑性标准、网络支撑性标准（即公网支持应急通信）和技术支撑性标准
ST7 量子通信与信息技术	量子通信技术与量子通信网络、与量子通信相关的量子计算技术，以及通用量子信息关键器件

续表

特设任务组	研究职责
ST8 工业互联网	研究制订工业互联网标准体系、规划，开展工业互联网相关标准的制修订工作，促进工业互联网标准与产业的协调发展
ST9 导航与位置服务	研究构建通信和导航一体化的标准体系，开展北斗系统、室内定位等技术的多种精度位置信息获取、发布、应用，以及个人隐私保护与位置信息安全等方面的标准化工作

1.4.2 IMT-2020（5G）推进组频谱工作组

IMT-2020（5G）推进组于 2013 年 2 月，由我国工业和信息化部、国家发展和改革委员会、科学技术部联合推动成立，组织架构基于原 IMT-Advanced 推进组，是我国聚合移动通信领域产学研用力量、推动第五代移动通信技术研究、开展国际交流与合作的基础工作平台。IMT-2020（5G）推进组组织架构示意图如图 1-2 所示，其中频谱工作组负责 5G 移动通信中的频谱相关研究，如 5G 中频段和毫米波频段研究，5G 系统与现有业务的同频和邻频干扰共存研究，5G 系统同邻频射频指标研究等，其研究结果为国际、国内各主管机构开展 5G 频率规划和分配工作提供重要的技术参考。

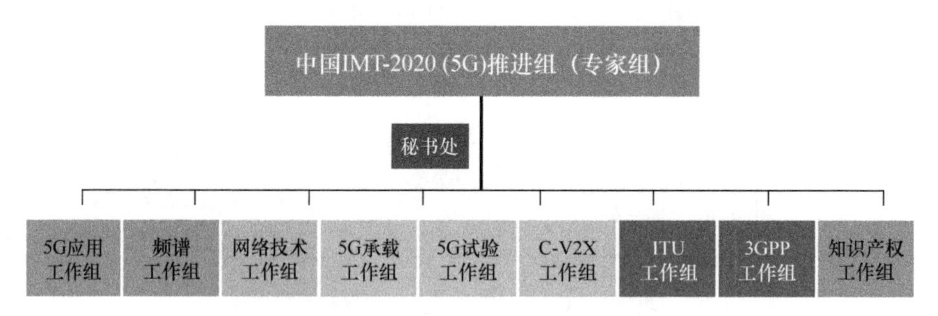

图 1-2 IMT-2020（5G）推进组组织架构示意图

1.4.3 垂直行业频谱标准化

5G 将支持 eMBB、uRLLC、mMTC 三大应用场景，相比于传统的大流量应用，车联网、工业互联网、远程医疗等垂直行业应用是 5G 重要的业务和收入拓展方向。

车联网方面，频谱相关的标准化组织如下：

（1）国际上，主要有 3GPP 和 5G 汽车协会（5G Automotive Association，5GAA）。在 3GPP 层面，主要开展 C-V2X（基于蜂窝技术的车辆通信）的研究，包括基于 LTE 的 V2X 和 eV2X 以及基于 5G NR 的 V2X 标准化工作，涉及相关的系统标准及射频指标的制定。5G 汽车协会，创立于 2016 年 9 月，成员包括众多车企、运营商及主设备、芯片厂家，其下设了 5 个工作组，与频谱相关的是 WG4 Standards and Spectrum，主要进行智能交通系统（Intelligent Traffic System，ITS）的频谱研究，包括 ITS 频谱需求和 ITS 频谱推动等工作。

（2）IMT-2020（5G）推进组设立了 C-V2X 工作组，其研究职责包括了国内 C-V2X 的频谱需求和频率规划等研究工作。

（3）CCSA WG8 目前也完成了 5.9 GHz 附近频段基于 C-V2X 直连通信的智能交通频谱兼容性研究项目，并对国内主管机构对于 5.9 GHz LTE-V2X 的频率规划提供支撑。

工业互联网方面，频谱相关的标准化组织如下：

为加快我国工业互联网发展，推进工业互联网产学研用协同发展，在工业和信息化部的指导下，2016 年 2 月 1 日由工业、信息通信业、互联网等领域百余家单位共同发起成立工业互联网产业联盟。频谱工作组作为工业互联网产业联盟的常设工作组之一，它的研究职责是：针对工业互联网，评估现有用频情况；开展频谱需求、候选频段和传播特性研究；实施频段兼容性测试；研究国际用频策略；为频率规划和管理提供参考和建议。

1.5 小结

本章梳理了与 IMT 频谱相关的国际、国内标准化组织及其主要研究内容和目标。

新增 IMT 频率划分、开展全球移动通信频率规划、制定相关射频指标是频谱研究的三个核心内容，其中频谱需求预测、IMT 与同邻频其他系统间的干扰分析是新增 IMT 频率划分研究的关键，也是业内研究的热点。

参 考 文 献

[1] ITU-R. 无线电通信部门[EB/OL]. [2019-12-12]. https://www.itu.int/zh/ITU-R/Pages/default. aspx.

[2] ITU-R. 世界无线电通信大会[EB/OL]. [2019-12-12]. https://www.itu.int/zh/ITU-R/conferences/ wrc/Pages/default.aspx.

[3] ITU-R. 行政通函 CA/226，2019 年世界无线电通信大会（WRC-19）第一次大会筹备会议（CPM19-1）的结果[EB/OL]. [2019-12-12]. https://www.itu.int/en/ITU-R/study-groups/ rcpm/Pages/cpm-19.aspx.

[4] ITU-R. 无线电通信研究组[EB/OL]. [2019-12-12]. https://www.itu.int/zh/ITU-R/study-groups/ Pages/default.aspx.

[5] CEPT. 欧洲邮电管理委员会[EB/OL]. [2019-12-12]. https://www.cept.org/.

[6] APT. 亚洲-太平洋电信组织[EB/OL]. [2019-12-12]. https://www.apt.int/.

[7] GSMA. 全球移动通信系统协会[EB/OL]. [2019-12-12]. https://www.gsma.com/.

[8] 3GPP. 第三代伙伴计划协议[EB/OL]. [2019-12-12]. https://www.3gpp.org.

[9] CCSA. 中国通信标准化协会[EB/OL]. [2019-12-12]. http://www.ccsa.org.cn.

第 2 章
无线通信系统频率特性与干扰分析

无线电技术应用的基础和前提在于频谱资源的可用性。频谱资源是推动国民经济发展、保障社会安全、实现社会各行业信息化的重要资源。从北斗定位、飞机导航、嫦娥探月、天气预报、科学研究、广播电视、寻呼对讲、国民通信，到抢险救灾、水上营救等，都离不开频谱资源的支撑与承载。

在技术创新和应用需求的双重驱动下，无线电技术取得了飞速发展，呈现出移动化、宽带化、多媒体化的特征，加之灵活性、便利性的市场要求，无处不在、无缝覆盖的目标正在变为现实。无线电网络日益增多，台站数量大规模增加，无线电用频设备数量呈指数级增长，电磁频谱空间日益复杂。无线技术所固有的频率干扰已成为不可忽视的问题。

国际电信联盟《组织法》第 197 款和《无线电规则》中的条款指出：所有电台，不论其用途如何，在建立和使用时均不得对其他主管部门或经认可的运营机构，或对其他正式核准开办无线电业务并按照《无线电规则》操作的运营机构的无线电业务或通信造成有害干扰。国际、区域和国家无线电管理工作的主要目标就是最大限度减少无线电干扰。

本章主要介绍无线电频率的特性，频率干扰的原理及类型，受干扰系统干扰保护准则，以及无线通信系统间干扰的研究。

2.1 无线电频率的特性

无线电波是指频率在 3 000 GHz 以下的电磁波，也叫射频电波，或简称射频、射电。无线电技术将语音信号或其他信号经过转换，利用无线电波进行传播。无线电波在现代通信技术中被广泛使用，特别是在电信领域。

按照频段高低，《中华人民共和国无线电频率划分规定》把 3 000 GHz 以下的无线电频谱分为 14 个频段，见表 2-1。其中，无线电频率以赫兹（Hz）为单位，表达方式为：

—— 3 000 kHz 以下（包括 3 000 kHz），以千赫兹（kHz）表示；

—— 3 MHz 以上至 3 000 MHz（包括 3 000 MHz），以兆赫兹（MHz）表示；

—— 3 GHz 以上至 3 000 GHz（包括 3 000 GHz），以吉赫兹（GHz）表示。

表 2-1　无线电频段及波段的分类

带号	频带名称	频率范围	波段名称	波长范围
–1	至低频（TLF）	0.03～0.3 Hz	至长波或千兆米波	10 000～1 000 兆米（Mm）
0	至低频（TLF）	0.3～3 Hz	至长波或百兆米波	1 000～100 兆米（Mm）
1	极低频（ELF）	3～30 Hz	极长波	100～10 兆米（Mm）
2	超低频（SLF）	30～300 Hz	超长波	10～1 兆米（Mm）
3	特低频（ULF）	300～3000 Hz	特长波	1 000～100 千米（km）
4	甚低频（VLF）	3～30 kHz	甚长波	100～10 千米（km）
5	低频（LF）	30～300 kHz	长波	10～1 千米（km）
6	中频（MF）	300～3 000 kHz	中波	1 000～100 米（m）
7	高频（HF）	3～30 MHz	短波	100～10 米（m）
8	甚高频（VHF）	30～300 MHz	米波	10～1 米（m）
9	特高频（UHF）	300～3 000 MHz	分米波	10～1 分米（dm）
10	超高频（SHF）	3～30 GHz	厘米波	10～1 厘米（cm）
11	极高频（EHF）	30～300 GHz	毫米波	10～1 毫米（mm）
12	至高频（THF）	300～3 000 GHz	丝米波或亚毫米波	10～1 丝米（dmm）

注：频率范围（波长范围亦类似）均含上限、不含下限；相应名称非正式标准，仅作简化称呼参考之用。

常用的字母代码所表示的业务频段见表 2-2。

表 2-2　常用字母代码和业务频段对应表

字母代码	雷达		空间无线电通信	
	频率范围（GHz）	举例（GHz）	标称频段	举例（GHz）
L	1～2	1.215～1.4	1.5 GHz 频段	1.525～1.710
S	2～4	2.3～2.5 2.7～3.4	2.5 GHz 频段	2.5～2.690

续表

字母代码	雷　达		空间无线电通信	
	频率范围（GHz）	举例（GHz）	标 称 频 段	举例（GHz）
C	4～8	5.25～5.85	4/6 GHz 频段	3.4～4.2 4.5～4.8 5.85～7.075
X	8～12	8.5～10.5	—	—
Ku	12～18	13.4～14.0 15.7～17.3	11/14 GHz 频段 12/14 GHz 频段	10.7～13.25 14.0～14.5
K（注）	18～27	24.05～24.25	20 GHz 频段	17.7～20.2
Ka（注）	27～40	33.4～36.0	30 GHz 频段	27.5～30.0
V	40～75	46～56	40 GHz 频段	37.5～42.5 47.2～50.2

注：对于空间无线电通信，K 和 Ka 频段一般只用字母代码 Ka 表示；相应代码及频段范围非正式标准，仅作简化称呼参考之用。

2.2 频率干扰的原理及类型

干扰，无线电规则中明确定义为由于一种或多种发射、辐射、感应或其组合产生的无用能量对无线电通信系统的接收产生的影响，其表现为性能下降、误解或信息丢失，若不存在这些无用能量，则此后果可以避免。

无线频率干扰产生的原因是多种多样的。工作于不同频率的系统间的共存干扰，本质上都是由于发射机和接收机的不完美特性造成的。通常，由于器件本身的原因和滤波器带外抑制的限制，有源设备在发射有用信号的同时，在它的工作频带外还会产生杂散、谐波、互调等无用信号，这些信号落入到其他无线系统的工作频带内，就会对其形成干扰。

在对无线通信系统间干扰研究的过程中，根据不同的场景考虑不同的干扰类型。干扰类型主要分为同频干扰、邻频干扰、杂散干扰、阻塞干扰和互调干扰。

1. 同频干扰

同频干扰是指在同一场景中，发射机和接收机工作在相同的频段内，发射机发射功率对接收机产生的干扰。

2. 邻频干扰

邻频干扰是指，由于器件的性能不理想，工作在邻近信道的发射机的发射信号落入了接收机的通带内造成的干扰。发射机在发射有用信号时会产生带外辐射，它包括由于调制引起的邻频辐射和带外杂散辐射。接收机在接收有用信号的同时，落入信道内的干扰信号可能会引起接收机灵敏度的损失，落入接收带宽内的干扰信号可能会引起带内阻塞；同时接收机也存在非线性带来的非完美性，带外信号（发射机有用信号）会引起接收机的带外阻塞。干扰产生机制示意图如图 2-1 所示。

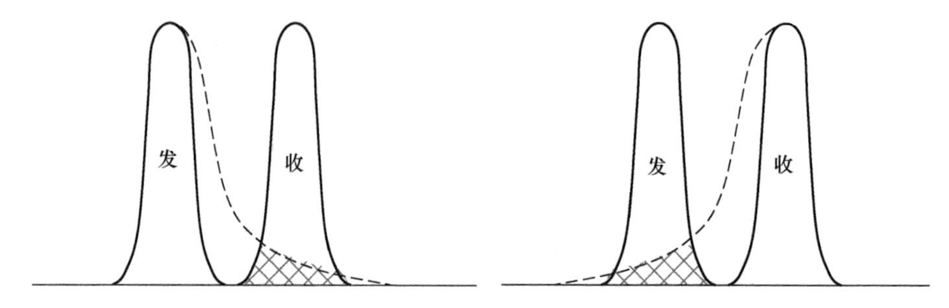

图 2-1　干扰产生机制示意图

3. 杂散干扰

杂散干扰是发射机的谐波或杂散辐射在接收机接收有用信号的通带内造成的一种干扰。杂散干扰主要导致接收机底噪抬升，从而导致接收机灵敏度的降低。

4. 阻塞干扰

阻塞干扰是指接收机在工作带宽内接收微弱的有用信号时，受到接收机相邻频段的强干扰信号的干扰，将被干扰系统的接收机推向饱和而阻碍通信。

5. 互调干扰

互调干扰是指两个及两个以上信号通过同一个非线性电路时，将会发生互相调制，产生新的频率的信号输出，如果该频率正好落在接收机的工作信道带宽内，就会产生对该接收机的干扰。互调干扰会产生很多频率的干扰信号，频

率关系为 $f \pm \mathrm{BW} = mf_1 \pm nf_2$。在通信系统中，多个信号之间的互调是普遍存在的，但不是只要有互调就会对系统造成干扰，产生互调的多个信号必须满足一定的频率关系，而且具有一定的幅度才会造成互调干扰。

2.3 受干扰系统干扰保护准则

2.3.1 相关概念

在研究干扰分析方法之前，首先需要确定受干扰系统的干扰保护准则，以反推被干扰系统可接受的最大干扰水平。干扰保护准则（Interference Protection Criteria，IPC）[3]，是接收机输入端定义的、相对的或绝对的干扰水平，或者在一定条件下，接收机能够允许性能降低的情况。通常情况下，干扰保护准则可被定义为绝对干扰信号功率值 I，干扰噪声比 I/N，或者载干比 C/I，与其相关的还包括参考带宽、时间概率和位置概率等参数，见表 2-3。

表 2-3 用于确定干扰保护准则的相关参数

干扰保护准则相关参数	典 型 单 位	描 述
功率门限	dBm dBW dB	I、I/N 或者 C/I
参考带宽	Hz kHz MHz	干扰信号功率的计算或测量带宽
时间概率	%	可允许干扰电平可能突破时间的比例，一般会给出具体的测量时间。比如，ITU-R RS.2017 建议书规定不同频段卫星无源遥感的时间概率，除非另行调整，1%电平的测量时间为 24 小时
位置概率	%	可允许干扰电平可能突破区域的比例，一般会给出具体的测量范围。比如，ITU-R RS.2017 建议书规定不同频段卫星无源遥感的位置概率，除非另行调整，就 0.01%电平而言，其测量在地球上 2 000 000 km^2 的方形区域进行；除非另行调整，就 0.1%电平而言，其测量在地球上 10 000 000 km^2 的方形区域进行

2.3.2 干扰保护准则分类

干扰保护准则体现受扰系统接收机的抗干扰能力。衡量干扰保护准则的指标比较多样化，一般包括以下 5 类，即绝对干扰信号功率值 I（包括最大允许干扰功率、最大允许干扰场强、最大允许功率通量密度）、干扰噪声比、载干比、射频保护比、$\Delta T/T$ 方法。

1. 绝对干扰信号功率值 I

对于科学类业务，如卫星地球探测业务/空间研究业务（EESS/SRS）、卫星地球探测无源（EESS passive）、射电天文业务（RAS）等，ITU-R 的相关建议书给出的干扰保护准则均为绝对干扰信号功率值 I，包括最大允许干扰功率、最大允许干扰场强或最大允许功率通量密度要求，同时会附加一定的时间及位置概率。

其中，功率通量密度（Power Flux Density，PFD）是指单位面积上接收到的功率，其单位为 W/m^2。干扰信号的 PFD 的计算公式为

$$\text{PFD} = \frac{P_t G_t L_t}{4\pi d^2} \tag{2.1}$$

经过对数换算，可得到

$$S = P_t + G_t + L_t - 20\log(4\pi d) \tag{2.2}$$

式中，S 表示功率通量密度，单位为 dB（W/m^2）；P_t 表示干扰信号发射功率，单位为 dBW；G_t 表示干扰信号发射天线增益，单位为 dB；L_t 表示干扰信号发射馈线损耗，单位为 dB；d 表示收发双方的距离，单位为 m。

在边境频率协调中，常采用最大允许场强门限作为协调准则。

参考 ITU-R P.525 建议书，在自由空间传播的基础上，可使用下述公式进行功率、场强、功率通量密度间的换算。

给定全向发射功率的场强：

$$E = P_t - 20\log d + 74.8 \tag{2.3}$$

给定全向发射功率和场强的自由空间基本发射损耗：

$$L_{bf} = P_t - E + 20\log f + 167.2 \tag{2.4}$$

给定场强的功率通量密度：

$$S = E - 145.8 \tag{2.5}$$

上述各式中，E 表示电场强度，单位为 dB（V/m）；f 表示频率，单位为 GHz；L_{bf}表示自由空间基本传输损耗，单位为 dB。

2. 干扰噪声比 I/N 准则

干扰噪声比 I/N 准则是指绝对干扰信号功率 I 与接收机内部噪声功率 N 的比值，主要以系统自身的底噪为基准，要求外来干扰与系统底噪之间形成一定的比例或约束关系，如果超出该约束范围，则认为形成了有害干扰。干扰噪声比是国际电信联盟提供的最常用干扰保护准则，通常对卫星（包括 FSS、BSS、MSS）、地面业务（包括蜂窝移动通信系统、固定系统等）来说，一般采用 I/N 准则来进行评估。

I/N 准则通常呈现为以下形式：

$$\frac{I_{\max}}{N} \leqslant S_{\min} \tag{2.6}$$

式中，$I_{\max}$ 表示被干扰系统接收机能够承受的最大干扰门限；N 代表系统的底噪，单位为 dB。一般情况下底噪可以表述如下：

$$N = 10\log(KTB) + \mathrm{NF} \tag{2.7}$$

式中，K 为玻耳兹曼常数（K=1.38×10^{-23}J/K）；T 为热力学温度，将摄氏温度加上 273 即可得到对应的热力学温度；B 为系统带宽，单位为 Hz；NF 为接收机噪声系数，通常为常数，单位为 dB；$S_{\min}$ 为保护该系统所要求的保护准则参数，单位为 dB。不同系统 $S_{\min}$ 取值不同。对属于相同无线电业务的系统间干扰分析，推荐的 $S_{\min}$ 值为−6 dB，见 ITU-R M.1767 建议书；极限情况下可取−12 dB，见 ITU-R S.1432-1 建议书。

由式（2.6）和式（2.7），可以得到最大干扰门限 $I_{\max}$

$$I_{\max} = 10\log(KTB) + \mathrm{NF} + S_{\min} \tag{2.8}$$

3. 载干比 C/I 准则

载干比 C/I 是指载波信号功率 C 和绝对干扰信号功率 I 的比值。常用于地面业务干扰分析。例如，对于工作在相同或相邻频段的广播电视系统之间的干扰分析。

4．射频保护比（Protection Ratio，R.F.）

射频保护比，是为使接收机输出端的有用信号达到规定的接收质量，在规定的条件下所确定的接收机输入端的有用信号与无用信号的最小比值，单位为dB。射频保护比常用于地面广播业务的干扰分析。参考《VHF UHF 频段地面数字电视广播频率规划准则》行标，在做相应规划时，会规定相关射频保护比，包括同频、上邻频、下邻频保护比、地面数字电视受地面数字电视干扰保护比、地面数字电视受模拟电视干扰保护比、模拟电视受地面数字电视信号干扰保护比等。

5．$\Delta T/T$ 方法

卫星通信干扰分析中，常采用 $\Delta T/T$ 方法，该方法表示被干扰系统的噪声温度随干扰发射电平的增加而增加的程度，单位为百分比。其中 T 为系统噪声温度，ΔT 为干扰引起的系统噪声温度增加量。具体分析方法可参考国际电信联盟《无线电规则》附录 8。通常情况下，$\Delta T/T$ 的百分比门限为 6%。

以上不同指标类型的干扰保护准则具有一定的关联性，也可以相互转化，如信干噪比、信干比、射频保护比在一定条件下都可以得到最大允许干扰功率。

一般情况下，干扰保护准则来自受扰系统自身的特性参数或技术指标，在受扰系统未提供该参数的情况下，也可根据相关的国家标准及准则、国际电信联盟《无线电规则》、ITU-R 建议书，以及相关国际组织，比如欧洲电子通信委员会（ECC）、美国联邦通信委员会（FCC）、国际民航组织（ICAO）、国际电工委员会（IEC）、世界气象组织（WMO）、国际海事组织（IMO）或国内相关部门编写的建议书或设备手册来确定。

2.4　无线通信系统间干扰的研究

无线通信系统间干扰的研究方法，是指在确定保护准则的情况下，通过

确定性计算、系统仿真和实际测量等方法，得到满足系统共存要求时的隔离度需求。

2.4.1 确定性计算

确定性计算是指通过分析单条干扰链路上的干扰情况来评估外来干扰对本系统的影响，在计算中一般选取干扰最为严重的场景来进行评估。该方法简单高效，适用于定性分析一个或多个固定台站对单个固定台站的干扰，如基站对基站间的干扰。

一个典型的干扰链路模型示意图如图 2-2 所示。

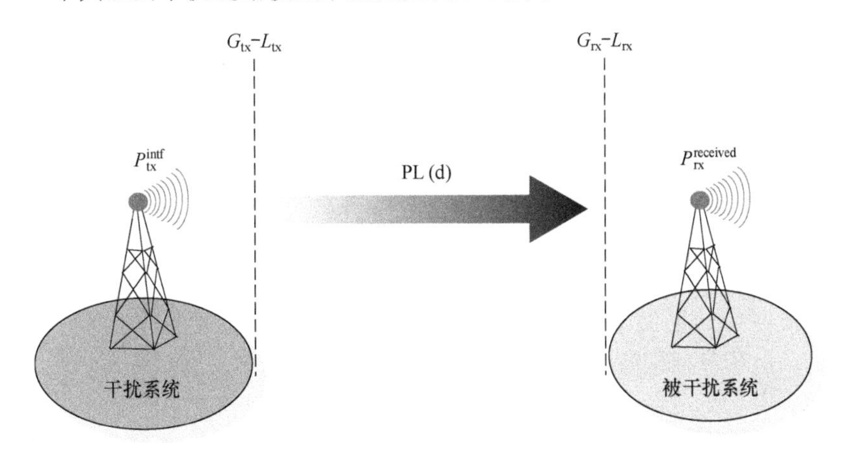

图 2-2　干扰链路模型示意图

干扰系统以最大功率发射，经过空间隔离损耗的衰减后，达到被干扰系统接收机的信号强度必须满足被干扰系统接收机能够承受的最大干扰门限，公式如下：

$$P_{rx}^{received} = P_{tx}^{intf} - \text{MCL} \tag{2.9}$$

式中，$P_{rx}^{received}$ 表示被干扰系统接收到的干扰功率，单位为 dBm；P_{tx}^{intf} 表示干扰系统发射机的带外辐射干扰功率，单位为 dBm；MCL 表示干扰系统发射机和被干扰系统接收机之间的最小耦合损耗，包括发射机天线增益（G_{tx}）、接收机天线增益（G_{rx}）、路径损耗（PL(d)）、发射机馈线损耗（L_{tx}）和接收机馈线损耗（L_{rx}），MCL 的单位为 dB，其关系式为

$$\text{MCL} = G_{\text{tx}} - L_{\text{tx}} - \text{PL(d)} + G_{\text{rx}} - L_{\text{rx}} \tag{2.10}$$

为保证干扰在允许范围以内，公式中的$P_{\text{rx}}^{\text{received}}$需要小于某个门限值：

$$P_{\text{rx}}^{\text{received}} \leqslant I_{\max} \tag{2.11}$$

确定性计算可以用于评估同频干扰、邻频干扰、杂散干扰和阻塞干扰等多种类型的干扰严重程度，根据计算结果可以判定两系统是否可以共存或在何种条件下可以共存，并提出共存建议。

2.4.1.1 同频干扰

同频干扰，是指当干扰信号和被干扰信号的载波频率相同时，干扰信号就会对被干扰接收机造成干扰。

$$P_{\text{tx}}^{\text{intf}} = P_{\text{tx}} \tag{2.12}$$

式中，P_{tx}是干扰发射机带内输出功率，单位为dBm。

2.4.1.2 邻频干扰

2.4.1.2.1 干扰源带外辐射干扰

干扰源带外辐射干扰表示因调制过程在必要带宽之外相邻频率产生的无用发射，但不包括杂散发射。

对于IMT系统，干扰源带外辐射干扰功率可计算如下：

$$P_{\text{tx}}^{\text{intf}} = P_{\text{tx}} - \text{ACLR} \tag{2.13}$$

式中，P_{tx}是干扰发射机带内输出功率，单位为dBm；ACLR是邻道泄漏比（Adjacent Channel Leakage Ratio），其单位是dB，用于衡量邻道发射信号落入到接收机通带内的程度，定义为发射功率谱密度与相邻信道上的测得功率谱密度之比。对于IMT系统，该值可以参考3GPP相关协议直接获得，也可以根据发射机的带外辐射模板通过积分推导得到。如果干扰系统和被干扰系统带宽不一致，在计算过程中需要进行相应的带宽转换。对于非IMT系统，可依据其系统的带外发射信息进行分析，可不由ACLR定义。

2.4.1.2.2 ACIR/FDR

如果可以同时获得发射机的ACLR指标和接收机的邻道选择性（Adjacent

Channel Selectivity，ACS）指标，可采用邻信道干扰功率比（ACIR）来进行邻频干扰分析。ACIR 是指发射源（基站或用户设备）发射的总功率与发射机和接收机的缺陷产生的影响受干扰接收机的总干扰功率的比。ACIR 通常用于干扰源和受干扰系统均为 IMT 系统的情况。

$$P_{tx}^{intf} = P_{tx} - \text{ACIR} \tag{2.14}$$

式中，P_{tx} 为干扰发射机带内输出功率，单位为 dBm；ACIR 是根据 ACLR 和 ACS 计算而得出的综合值，ACLR 和 ACS 以线性形式表示。

$$\text{ACIR}^{-1} = \text{ACLR}_{tx}^{-1} + \text{ACS}_{rx}^{-1} \tag{2.15}$$

如果 ACS 和 ACLR 的值不可用，则 ITU-R SM.337 建议书所述的 FDR 值可取代 ACIR 值。

2.4.1.3 杂散干扰

杂散辐射是杂散干扰的一个重要指标。杂散辐射是在必要带宽之外的一个或多个频率上的发射，包括谐波发射、寄生发射、互调产物及变频产物，但带外发射除外。在通常情况下，落在中心频率两侧，且在必要带宽的±2.5 倍处或以外的发射都认为是杂散辐射。

计算杂散干扰时，发射机引发的干扰功率在数值上等于给定频率上的杂散辐射功率：

$$P_{tx}^{intf} = P_{tx}^{supurious} \tag{2.16}$$

式中，$P_{tx}^{supurious}$ 为给定频率上的杂散功率。对于 IMT 系统，3GPP 的有关标准或我国的国家标准中都对基站和终端的发射机的杂散辐射值进行了严格的规划。比如，根据工业和信息化部无 2015〔80〕号文件规定，1 800 MHz 频段 FDD 方式 IMT 系统在 1 885～1 915 MHz 频段的最大无用发射电平为−65 dBm/MHz。

2.4.1.4 阻塞干扰

阻塞干扰特性用于评估当存在非期望干扰信号时接收机在标称信道内接收有用信号的能力，亦即接收机抑制非邻带或非带内干扰信号的能力。计算阻塞干扰时，发射机引发的干扰功率在数值上等于发射机的带内功率，同时干扰评估准则应采用给定频率上的阻塞指标，具体如下：

$$P_{tx}^{intf} = P_{tx} \tag{2.17}$$

$$P_{rx}^{received} \leqslant I_{blocking} \tag{2.18}$$

式中，$I_{blocking}$为给定频率上的阻塞指标。对于 IMT 系统，3GPP 的有关标准或我国的国家标准中都对基站和终端的发射机的杂散辐射值进行了严格的规划。比如，根据工业和信息化部无 2015〔80〕号文件规定，1 710～1 785 MHz 频段 FDD 方式 IMT 系统的接收机阻塞指标为−5 dBm/MHz，干扰信号载波位置为 1 792.5 MHz。

2.4.2 系统仿真

系统仿真一般分为静态仿真和动态仿真。系统仿真是从网络整体角度来研究网络中外来的干扰，所得到的结论更符合实际，在频率划分与规划、混合组网等领域具有更高的参考价值。

2.4.2.1 静态仿真

静态仿真又称蒙特卡罗（Monte Carlo）仿真。是依据系统特性、仿真场景、拓扑结构、传播模型、干扰准则等完成系统模型搭建，通过进行多次系统快照（Snap-Shot），并对所有快照采集到的仿真结果进行统计分析，得出系统之间干扰共存的结论。使用蒙特卡罗仿真方法来模拟实际的移动通信系统，由于每次快照均服从均匀分布，从而可以通过有限次的快照来模拟实际系统中用户的各种位置可能性，得出近似真实情况下的干扰情况。

与确定性分析方法不同，静态仿真方法可以更全面地反映多条干扰链路造成的综合影响，更好地体现不同的拓扑建模等因素对评估结果带来的影响。该方法是目前干扰共存研究中应用广泛并且行之有效的经典研究方法。

静态仿真方法建模包括以下一些内容。

1. 确定系统参数

系统参数是指产生干扰的系统和被干扰系统的无线技术性能参数，一般取相关标准设备规范规定的设备性能指标的参数值。对于 IMT 系统，主要依据 3GPP 规范，对于其他系统（如卫星、科学业务等），主要依据 ITU-R 的相关建议书。

2．确定网络拓扑结构

网络拓扑结构是指被干扰的网络和产生干扰网络的小区结构及相对位置，包括基站站型（全向基站或三扇区基站、宏基站或微基站）、小区形状（一般取六边形）、小区半径和系统间地理偏移。此节主要讲述 IMT 系统拓扑结构。

1）宏基站

IMT 宏基站拓扑如图 2-3 所示。一般假设 IMT 系统宏蜂窝网络区域为一个基站簇，由 19 个基站（图 2-3 中的站点 0 至 18）组成，其中每个基站有三个扇区，为避免网络部署边缘效应，其他的基站簇以此簇为中心采用环绕方法（wrap-round）向四周延伸。

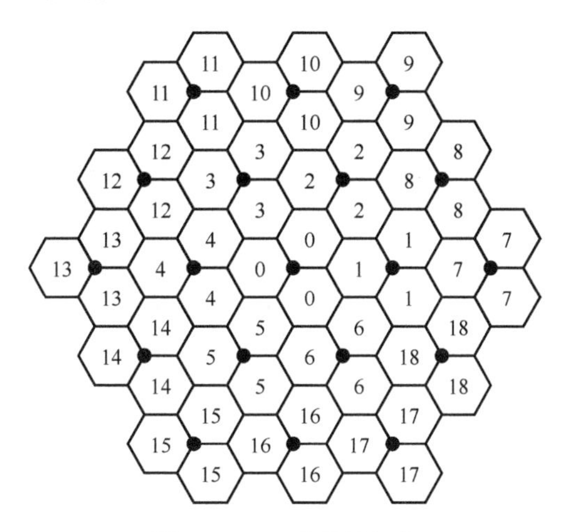

图 2-3　IMT 宏基站拓扑

2）微基站

在城市环境中，微基站部署一般低于屋顶。微蜂窝拓扑采用曼哈顿模型。IMT 微基站拓扑如图 2-4 所示，微蜂窝基站部署在曼哈顿网格中。其中方块为街区，街区中间为街道。微基站被放置在街道十字路口附近，每隔 2 个路口放置一个基站，共 72 个基站。在统计微基站受到的干扰时，只需要图 2-4 中标注 T 的 6 个基站。

3）微微基站

在此场景中，基站部署在室内，典型示例为城市建筑的一层楼。IMT 微微基站拓扑如图 2-5 所示。室内蜂窝小区的大小将根据频段和建筑物内部配置而有所不同。类似的部署方式也可用于仿真多楼层共存场景中的每一层楼。如果室内 IMT 系统是干扰系统，则还需要考虑室内穿透损耗。

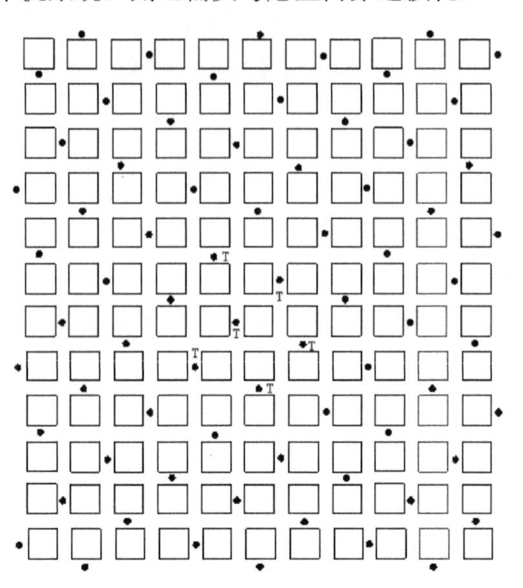

图 2-4　IMT 微基站拓扑

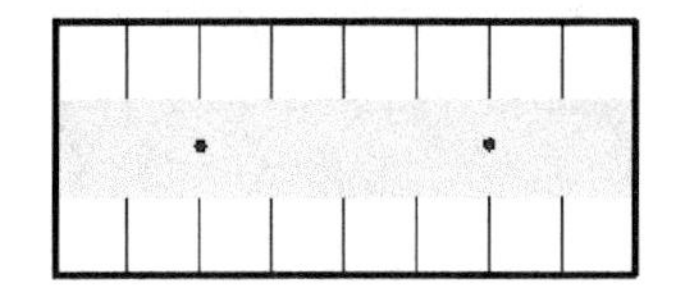

图 2-5　IMT 微微基站拓扑

4）异构网络

IMT 异构网络布局的示例如图 2-6 所示，由宏基站和微基站构成。在宏蜂窝覆盖区内分布着几个微基站簇，每个簇由多个微基站组成，这些微基站的位置布放可随机也可固定。

3. 确定传播模型

传播模型主要用来计算电波传播路径损耗和信号电平。对于 IMT 系统间的干扰分析，传播模型主要参考 3GPP TR 25.942、TR 36.942、TR 38.900 等报告中引用的 Hata 模型、双折线传播模型和车载测试模型等。对于 IMT 与其他非 IMT 系统间的干扰分析，传播模型主要参考 ITU-R P 系列的建议书，对于地面上的业务，主要是 ITU-R P.452、ITU-R P.1546，对于地对空场景，一般参考 ITU-R P.619 模型。

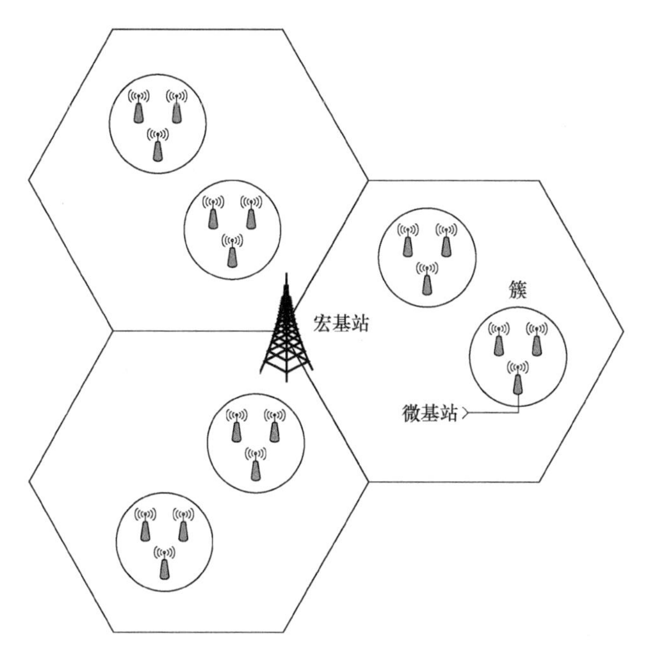

图 2-6 IMT 异构网络布局

4. 确定网络工程参数

网络工程参数是网络部署时基站和终端使用的一些参数，如基站和终端的天线高度、天线增益、下倾角、天线辐射方向图模型、基站和终端的部署密度、网络负载因子和频率复用因子等参数。

5. 确定网络性能评价指标

网络性能评价指标是直接根据接收机工作状态评估其是否正常工作的性能参数，根据不同接收机特点也有多种指标分类方法。对于非 IMT 系统，可参考本书 2.3.2 节。对于 IMT 系统，网络制式不同，评估标准也有所不同。对于 LTE 及 5G 系统，可以以系统容量损失的 5%作为其所受外系统最大干扰的评估准则；对于 WCDMA 及 GSM 系统，可以以 5%的中断率下降值作为其对所受外系统最大干扰的评估准则。

6. 仿真分析

搭建仿真平台，确定仿真流程[4]，完成相应步骤，根据统计数据及结果进行分析。其中，包括单系统的参考性能仿真，以及干扰条件下的网络性能仿真。

1）下行仿真

下行仿真流程图如图 2-7 所示。

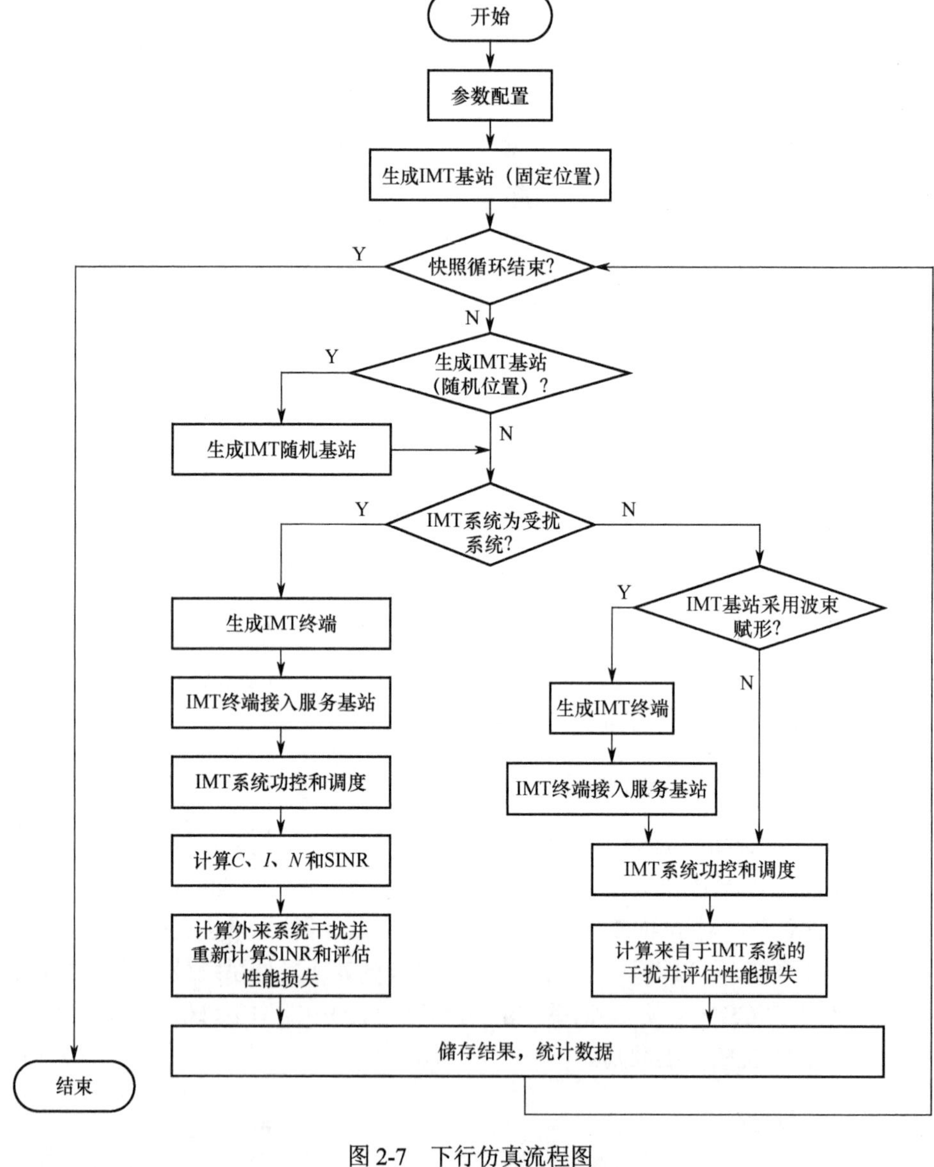

图 2-7　下行仿真流程图

如果基站的位置是固定的，则根据选择的应用环境或部署场景，生成基站坐标遍历所有快照，直至达到最大快照次数，对每次快照执行步骤如下：

步骤 1　针对某一次特定的仿真，步骤 1.1 至步骤 1.6 并不都是必须的。

步骤 1.1　如果基站的位置是随机分布的，则在指定的区域内随机生成基站坐标。

步骤 1.2　在仿真区域内随机分布足够多的 UE 以保证每个小区都至少能够接入 K 个激活终端。所谓的激活终端是指在本次快照中，这些终端将与基站进行数据传输。K 的取值取决于应用环境、部署场景、工作频率和带宽等因素。

步骤 1.3　针对步骤 1.2 中生成的每个 UE，计算并记录其到所有 BS 的耦合损耗，同时计算中需要考虑环绕方法（wrap-round）的影响。标识出该 UE 到所有 BS 的最小耦合损耗（记录最小耦合损耗数值及对应的 BS ID）。

步骤 1.4　针对每个 UE，根据步骤 1.3 记录的耦合损耗生成候选服务基站列表。生成的规则是，如果该 UE 到某个 BS 的耦合损耗小于最小耦合损耗（步骤 1.3 已经标识）加上一定切换余量则将该 BS 加入候选服务基站列表。每个 UE 在其候选服务基站列表中随机选择一个基站作为服务基站。

步骤 1.5　每个基站从所有接入它的 UE 中随机选择 K 个作为激活 UE，这 K 个激活 UE 将在本次快照内被调度。如果采用了波束赋形，则被选择的 BS 和 UE 的波束应指向彼此。

步骤 1.6　所有可用的系统资源将被平均分配给每个激活 UE。也就是说，每个激活 UE 将可以调度相同数目（比如 N 个）的 RB 资源。因此，每个基站向单个 UE 发送的功率是确定的。在干扰计算中，需要考虑 IMT 基站的负载状况。在整个网络中有 x%的基站处于发射状态，同时其服务的 UE 也处于激活状态，而其他基站及其所服务的终端均处于静默状态。这个负载比例可能是一个确定的数值，也可能是一个范围（如 10%～50%），每次快照在这个范围内随机选择一个比例参与仿真。对于某个处于发射状态的 BS，计算它对每个 UE 的发射功率。

如果 IMT DL 是干扰系统，则继续执行步骤 2；如果 IMT DL 是受扰系统，则继续执行步骤 3。

步骤 2　选择 IMT DL 作为干扰系统。

步骤 2.1　根据系统负载及干扰场景（最强 BS 干扰或多站点聚合干扰）随机选择 x%的 BS 处于发射状态，这些 BS 将参与下面的计算步骤。

步骤 2.2　计算系统间干扰并评估外来干扰对受扰系统性能造成的影响。

遍历所有处于发射状态的 BS；对每个处于发射状态的 BS，遍历所有的激活 UE；首先计算每一条 IMT DL 链路对受扰系统的干扰，如果两个系统是同频工作的，按照发射功率减去耦合损耗来计算干扰功率，该耦合损耗综合考虑了路损、穿透损耗、阴影衰落、收发信机两端的天线增益等因素。如果两个系统是邻频工作的，需要在同频公式的基础上考虑增加 ACIR，再计算外来系统带来的聚合干扰。

步骤 2.3　评估外来系统干扰对受扰系统性能的影响。

步骤 2.4　继续执行步骤 4。

步骤 3　选择 IMT DL 作为受扰系统。

对所有激活 UE 分别计算考虑外来系统干扰前的 C/I 值及考虑外来系统后的 C/I 值，并由此确定系统的平均吞吐量损失，以评估外来系统干扰对 IMT 系统下行性能所造成的影响。根据系统负载情况随机选择 x%的 BS 处于发射状态。遍历所有处于发射状态的 BS；对每个处于发射状态的 BS，遍历所有激活的 UE。

（1）不考虑外来系统干扰计算每个激活 UE 的 C/I 值。

（2）添加外来系统干扰并重新计算每个激活 UE 的 C/I 值。

（3）根据（1）和（2）计算的两组 C/I 取值查找对应的链路曲线，分别计算考虑外来系统干扰前后的系统吞吐量，并计算出吞吐量损失，进而评估外来系统干扰对 IMT 系统性能造成的影响。

步骤 4　数据统计与分析。

2）上行仿真

上行仿真流程图如图 2-8 所示。

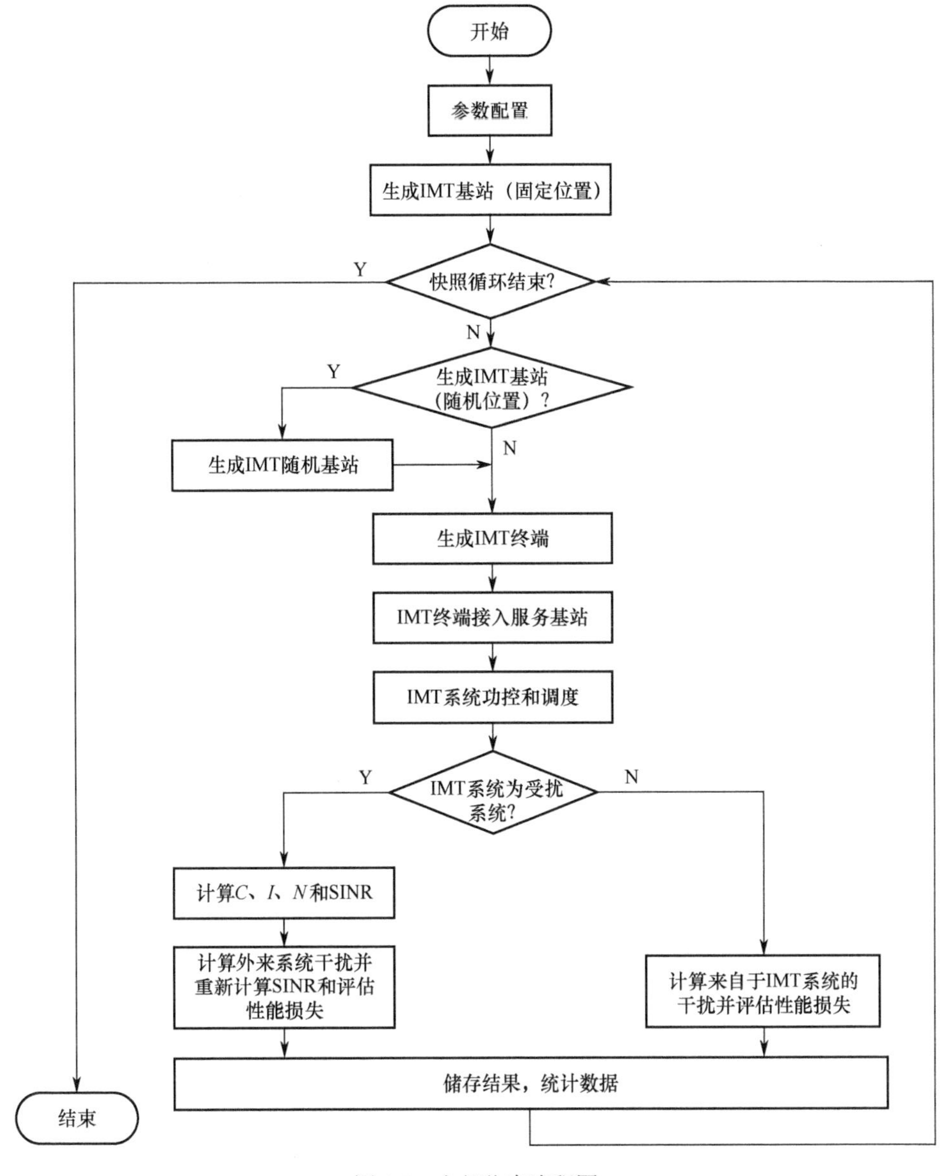

图 2-8　上行仿真流程图

如果基站的位置是固定的，则根据选择的应用环境或部署场景生成基站坐标，遍历所有快照，直至达到最大快照次数，对每次快照执行步骤如下：

步骤 1　针对某一次特定的仿真，步骤 1.1 至步骤 1.6 并不都是必须的。

步骤 1.1　如果基站位置是随机分布的，则在指定的区域内随机生成基站坐标。

步骤 1.2　在仿真区域内随机分布足够多的 UE 以保证每个小区都至少能够接入 K 个激活终端。K 的取值取决于应用环境、部署场景、工作频率和带宽等因素。

步骤 1.3　针对步骤 1.2 中生成的每个 UE，计算并记录其到所有 BS 的耦合损耗，标识出该 UE 到所有 BS 的最小耦合损耗（记录最小耦合损耗数值及对应的 BS ID）。

步骤 1.4　针对每个 UE，在其候选服务基站列表中随机选择一个基站为服务基站。

步骤 1.5　每个基站从所有接入它的 UE 中随机选择 K 个作为激活 UE，如果采用了波束赋形，则被选择的 BS 和 UE 的波束应指向彼此。

步骤 1.6　通过上行功率控制为每个激活 UE 确定发射功率。

所有可用的 RB 资源将被平均分配给激活 UE。

根据负载情况和干扰场景，在进行干扰计算时需要考虑为 IMT 系统基站设定一个负载比例，也就是说，有 x%的基站处于发射状态而其他基站处于静默状态，这里的负载比例可能是一个具体数值，也可能是一个范围（如 10%～50%），在每次快照中随机选择一个比例参与仿真。

如果 IMT UL 是干扰系统，继续执行步骤 2；如果 IMT UL 是受扰系统，继续执行步骤 3。

步骤 2　选择 IMT UL 为干扰系统。

步骤 2.1　根据系统负载及干扰场景（最强 BS 干扰或多站点聚合干扰）随机选择 x%的 BS 处于发射状态，这些 BS 所服务的所有激活 UE 将参与下面的计算步骤。

步骤 2.2　计算系统间干扰并评估外来干扰对受扰系统性能造成的影响。

遍历所有处于发射状态的 BS；对每个处于发射状态的 BS，遍历所有的激活 UE。首先计算每一条 IMT UL 链路对受扰系统的干扰，如果两个系统是同频工作的，按照发射功率减去耦合损耗来计算干扰功率，该耦合损耗综合考虑了路损、穿透损耗、阴影衰落、收发信机两端的天线增益等因素。如果两个系统是邻频工作的，需要在同频公式的基础上考虑增加 ACIR，再计算外来系统带来的聚合干扰。

步骤 2.3　评估外来系统干扰对受扰系统性能的影响。

步骤 2.4　继续执行步骤 4。

步骤 3　选择 IMT UL 为受扰系统。

对所有激活 UE 分别计算考虑外来系统干扰前的 *C*/*I* 值及考虑外来系统后的 *C*/*I* 值，并由此确定系统的平均吞吐量损失，以评估外来系统干扰对 IMT 系统上行性能所造成的影响。根据系统负载情况随机选择 *x*%的 BS 处于发射状态；遍历所有处于发射状态的 BS；对每个处于发射状态的 BS，遍历所有的激活 UE。

（1）不考虑外来系统干扰计算每个激活 UE 的 *C*/*I* 值。

（2）添加外来系统干扰并重新计算每个激活 UE 的 *C*/*I* 值。

（3）根据（1）和（2）计算的两组 *C*/*I* 取值查找对应的链路曲线分别计算考虑外来系统干扰前后的系统吞吐量，并计算出吞吐量损失，进而评估外来系统干扰对 IMT 系统性能造成的影响。

步骤 4　数据统计与分析。

2.4.2.2　动态仿真

动态仿真将系统随时间的推进过程加以考虑，包括资源调度、用户移动、切换等信令交互，以及相关的物理层处理过程，能够更准确地反应实际系统的运行情况，从而更加准确地评估系统性能，不过却付出了计算量巨大的代价，仿真速度大幅减慢。

2.4.3　实际测量

实际测量包括实验室内的测量和现网测量。实验室内的测量可以用于分析理想环境下系统间的干扰情况，现网测量可以用于定位和优化复杂环境下的系统间干扰。

2.4.4 结果呈现

根据干扰保护准则评估两个系统是否可以共存，如果不能共存可以进一步通过分析给出共存建议，如为满足共存需要多少隔离度，如何实现该隔离度需求等。

通过确定性计算方法计算出的隔离度，或者系统仿真得出的仿真结果，均可以通过多种方式来实现。

（1）空间隔离：通过空间距离实现隔离。

（2）频率隔离：通过两个系统收发信机的射频特性及系统间的保护带实现隔离。

（3）额外隔离：通过添加额外滤波器等射频器件，在收发信机端设置屏蔽罩等方式实现隔离。

在实际应用中，上述方法可以单独使用也可以组合使用。

2.5 小结

随着技术的不断进步，电磁环境越发复杂，无线环境电磁干扰问题越发明显。干扰是影响无线网络质量的关键因素之一，对移动通信质量、掉话、切换及网络的覆盖、容量均有显著影响。在对无线通信系统间干扰研究过程中，要根据不同的场景考虑不同的干扰类型。上述提到的 3 种研究方法相辅相成，适用于不同的场合，可以依据实际情况采用不同的方法进行干扰分析，也可综合考虑并应用。

参考文献

[1] ITU. Radio Regulations edition of 2015[EB/OL]. 2015[2019-12-12]. http://www.itu.int.

[2] 工业和信息化部. 中华人民共和国无线电频率划分规定[S]. 2017.

[3] National Telecommunications and Information Administration. Manual of Regulations & Procedures for Federal Radio Frequency Management(Manual), at Chapter 6[EB/OL].（2003-09）[2019-12-12]. http://adsabs.harvard.edu/abs/1991mrpf.
[4] CCSA TC5 WG8. 2018-0221T-YD，IMT 网络和系统与其他无线电业务系统的兼容共存分析参数、建模与仿真方法[S]. 中国通信标准化协会，2018.
[5] CCSA TC5WG8. 2015B61. IMT 系统与其他系统共存研究方法[R]. 中国通信标准化协会，2018.
[6] Recommendation ITU-R-M.2101, Modeling and simulation of IMT networks and systems for use in sharing and compatibility studies[S]. ITU, 2017-06.
[7] 工业和信息化部 2015 年第 80 号公告. 2015[2019-12-12]. http://www.miit.gov.cn/n1146295/n1652858/ n1652930/n4509607/c4536908/content.html.
[8] 3GPP TR25.942 V9.0.0, Radio Frequency (RF) system scenarios[S]. 3GPP, 2009-12.
[9] 3GPP TR36.942 V10.2.0, Radio Frequency (RF) system scenarios[S]. 3GPP, 2010-12.
[10] 3GPP TR 38.900 V14.3.1, Study on channel model for frequency spectrum above 6 GHz [S]. 3GPP, 2017-07.
[11] Recommendation ITU-R P.1456, Method for point-to-area predictions for terrestrial services in the frequency range 30 MHz to 3 000 MHz[S]. ITU. 2013-09.
[12] Recommendation ITU-R P.452-16, Prediction procedure for the evaluation of interference between stations on the surface of the Earth at frequencies above about 0.1 GHz[S]. ITU. 2015-07.
[13] Recommendation ITU-R P.2108, Prediction of Clutter Loss[S]. ITU. 2017-06.

第 3 章 IMT 频率划分

随着无线电技术的飞速发展和广泛应用，有限的无线电频谱资源的供需矛盾日益突出，对频谱资源的科学规划和合理利用提出了更高要求。无线电频谱政策走向对于无线电新技术的应用具有重要的导向作用。为了加强对无线电频谱这种宝贵的、有限的自然资源的管理和有效利用，从便于无线电频率的规划、管理，以及设备的研制生产和使用出发，通常按照国际电信联盟（ITU）的规则，对无线电频率按业务、部门用户、电台进行频率划分、频率规划、频率分配、频率指配，如图 3-1 所示。这里所提及的频率划分、频率规划、频率分配、频率指配是全世界统一的概念，这四者各有层次且相互联系，它们构成了整个无线电频谱管理整体。

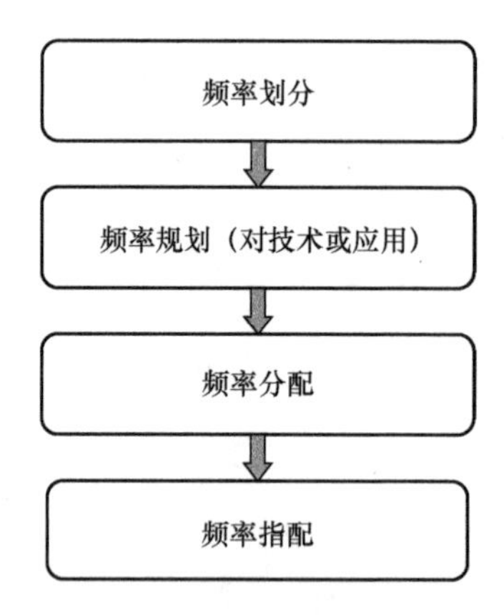

图 3-1　无线电频谱管理步骤

（1）频率划分（Allocation）：将某个特定的频带列入频率划分表，规定该频带可在指定的条件下供一种或多种地面或空间无线电通信业务或射电天文业务使用。

（2）频率规划（Planning）：介于频率划分与频率分配之间，承上启下，依据频率划分开展频率规划，指导频率分配或频率指配工作的开展。

（3）频率分配（Allotment）：将无线电频率或频道规定由一个或多个部门，在指定的区域内供地面或空间无线电通信业务或射电天文业务在指定条件下使用。具体来看，就是无线电业务划分及频段规划方案完成后，国家无线电管理机构确定指定区域和指定条件下的使用者的过程。

（4）频率指配（Assignment）：将无线电频率或频道批准给无线电台在规定条件下使用。

对于移动通信运营商来说，频谱资源是其各项业务开展的根本，也是其网络建设的重要资源。从 IMT 频谱管理的角度来看，主要涉及 IMT 频率划分、频率规划和频率分配三部分内容。本章介绍 IMT 频率划分研究，第 4 章将介绍 IMT 频率规划，第 5 章将介绍 IMT 频率分配。

3.1 概述

在频谱管理方面，作为第一步骤的频率划分，主要给不同的业务划分不同的频谱资源。频率划分针对的是无线电业务的应用需求，确定对应使用的频谱资源。比如，这个无线电频率是用于飞机导航，还是用于通信、气象业务、科学研究等。《无线电规则》[1]定义了 42 种无线电业务，频率划分就是给这 42 种无线电业务确定具体的频率。

世界无线电通信大会（World Radiocommunication Conference，WRC），主要工作就是审议、修订无线电规则及法规，解决频率指定、实施频率使用规则、建立更新或废除程序，最终结果将作为频谱资源管理的国际公约。WRC 要解决的问题主要包括两个方面，一是划分适宜频率为全球统一频率，分配给不同业务应用，如固定、移动、广播和卫星等业务；对相应频段业务分配为主要业务、次要业务，或者对无划分状态的频段业务进行划分、修改、更换或补充。二是无线电法规对适宜频段的主要分配业务进行宽泛的指派，如为 IMT 确定相应的频段。在这种情况下，IMT 业务在该频段就成为主要的业务，从而占据一定优势。同时依据《无线电规则》，即使划分频率给主要业务，一般并不排斥其他业务在该频段的应用。全球统一指定的频率往往成为各个国家对该业务频率规划分配的指针和主要依据。

WRC 无疑是终极政策法规制定的权威机构，极大地影响移动通信产业的长期发展战略。从历史来看，世界无线电通信大会大约每隔八年将进行一次重大的移动通信新增频率划分会议。基本流程由上一届 WRC 会议做出决议，确定研究内容，在下一届 WRC 会议上确定频率划分。在 3～4 年的时间中开展研究，研究内容具体包括三方面的内容：频谱需求预测、候选频段推荐研究和兼容性共存分析研究。

3.2 频谱需求预测

频谱需求预测，主要的工作就是分析新增 IMT 频率的必要性。具体而言，频谱需求预测主要基于历史数据，综合未来移动通信产业发展的各种影响因素，包括移动通信数据增长的趋势预测，特定技术系统的承载能力等，分析未来频谱需求，给出不同阶段所需频谱的总量，以此作为新增频谱的基础。

3.2.1 IMT 系统频谱需求测算通用方法

IMT 系统频谱需求测算方法总体框架如图 3-2 所示，给出了 IMT 频谱需求测算的一般流程[2]。

主要方法步骤：

（1）选取基准年与目标年；

（2）预测目标年业务量需求；

（3）将目标年业务量分流至目标年不同的接入技术中；

（4）将目标年不同接入技术的流量分流至不同部署类型；

（5）通过不同部署类型的频谱效率，按类别计算频谱需求；

（6）依据技术特征，调整求得总频谱需求。

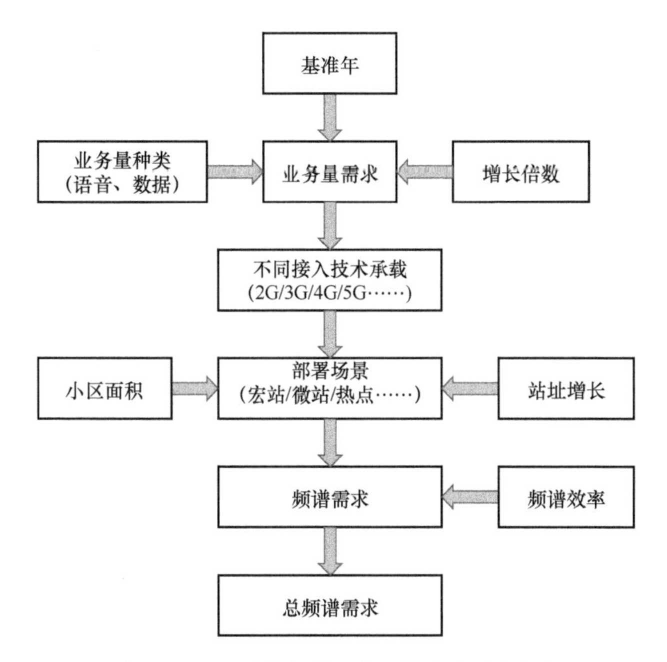

图 3-2　IMT 系统频谱需求测算方法总体框架

从图 3-2 可以看出，测算方法中的计算部分主要包括业务量预测、业务量到不同接入技术组的分流、不同接入技术组中不同部署场景的业务量分流、频谱需求计算与调整。具体计算过程如下：

（1）首先以基准年的数据业务量作为样本数据，根据预测得到的业务量增长倍数，得到目标年的业务量总需求。

（2）根据不同接入技术组的业务量分流占比，将业务量预测值分流到不同的接入技术组如 2G/3G/4G/5G，得出不同接入技术组的业务量。

（3）将不同接入技术组中的业务量继续分流到部署类型中（宏基站、微基站、热点、室内站等），得出各接入技术组中各部署类型的业务量。

（4）根据部署类型的频谱效率进行 IMT 系统总频谱需求预测，并通过频率复用、最小部署带宽等调整因素，对结果进行调整，得出最终频谱需求。

3.2.2　频谱需求预测结果关键因素分析

在频谱需求预测工作中，一些关键参数的假设条件会直接影响结果的输出。下面对预测中的关键因素进行分析。

1．基准数据选择

在对未来频谱需求量进行预测时，通常方法是：先确定基准年，获得基准年的业务统计数据，然后以基准年为起点，对业务量增长倍数进行预测。因此，基准年的选择与业务量增长倍数的预测相互关联、密不可分。

2．业务量预测

目标年份总业务量的预测是得到频谱需求的关键指标。业务量预测包含多方面的影响因素，如人口增长、移动用户数的增长、业务类型的变化等。通常来说，对于移动业务量进行预测，主要采用历史拟合预测法，即通过历史数据统计、社会调查与曲线拟合算法相结合，来完成业务量增长倍数的预测；然后将基数与增长倍数相乘，得出目标年份总的业务量。

其中，曲线拟合算法通常采用的曲线包括：直线法、折线法、二次函数曲线法、指数曲线法、S 形曲线法等。选取曲线类型以及选取曲线参数，需要有机地结合拟合数据的市场、技术特征以及其他影响因子，从而推算出结果[3]。曲线拟合算法采用的工具包括 Excel 和 MATLAB。总的来说，总业务量的增长倍数与频谱需求最终预测结果是正相关的，是测算方法中的关键输入参数之一。不同国家或组织机构的业务量预测结果范围可能跨度较大。

3．业务量到不同接入技术组（2G/3G/4G/5G）的分流

业务量到不同接入技术组的分流是频谱需求预测中的一个重要步骤。这里主要考虑的是，不同的接入技术的频谱效率各不相同，其单位赫兹（Hz）承载业务量的能力差异较大。2010 年 10 月，FCC 发布的《移动宽带：新增频谱的好处》[4]，给出不同网络制式频谱效率的参考值，如图 3-3 所示。

根据图 3-3 的数据可知，GPRS 仅为 0.03 bit/s/Hz，HSDPA（Rel-5）为 0.48 bit/s/Hz，而 LTE 可达到 1.36～1.5 bit/s/Hz，为 GPRS 的 40～50 倍，为 HSDPA 的 3 倍左右。可见，在提供相同频谱带宽的情况下，LTE 能够承载的理论数据容量将远大于 2G/3G 网络，能够大大地提升频谱的使用效率。因此，同样的总业务量，配合不同网络制式的分流系数，会对预测结果带来较大的差异。

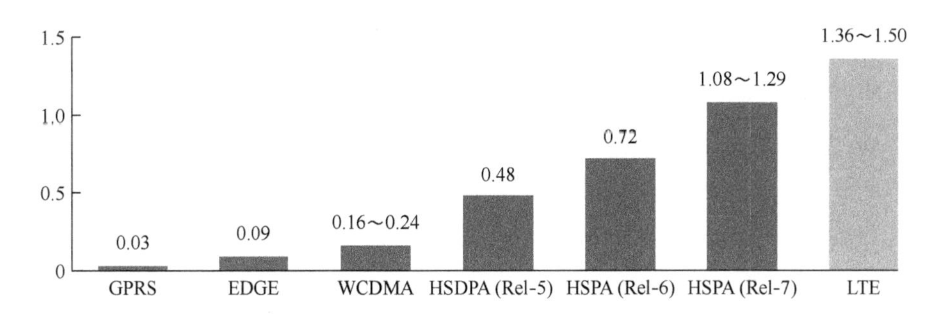

图 3-3　FCC 报告中不同网络制式频谱效率的参考值（单位：bit/s/Hz）

同时，新的制式的引入，需要考虑逐年提高分流比例。比如，在 2012 年开始预测未来 10 年的需求时，4G 初期阶段的业务量比例会比较低，随着 4G 系统的大规模部署，4G 所占的业务量比例将逐年提高。与此同时，一些其他制式的分流比例也需要逐年降低。这些研究与结论在分流计算中应当给予充分考虑。

4．业务量到不同站型的分流

不同的基站站型，主要包括宏站、微站、热点和室内站。不同的接入技术组在不同部署站型下，小区的承载能力各不相同。因此，同样的总业务量，配合不同的部署场景的分流系数，对结果将会带来较大的差异。例如，将所有业务都由宏站承担，或将所有业务都由微站来承担，前者的频谱总需求可能是后者的数倍。这些研究与结论在分流计算中应当给予充分考虑。

5．基站数量与覆盖面积

基站数量的增加是缓解频谱需求的重要手段，然而，基站数量的绝对增长难以与频谱需求建立直接联系。基站数量与覆盖面积是体现不同部署场景对业务量承载能力的重要因素。在部署分流一定的前提下，每种部署类型的基站数量越少，单位覆盖面积越大，则频率复用就越少，频谱需求也就越高。

大体上，运营商基站数量的增加需要综合考虑：一方面，城区密集地区的基站建设密度已经较高，难以继续部署宏站或微站，未来或将仅部署小基站等；另一方面，随着郊区、乡村的城市化建设，这些地区将会建设一批数量可观的基站，使全国基站总数显著增加。然而，这些地区的业务量不及频谱需求强烈的城市地区，即这类地区新增的基站数量并未对频谱需求产生实质性影响。因此，在预测方法中，基站数量增加的因素，需要结合场景进行更深入的分析。

6. WLAN 占总业务量的比例

WLAN 作为一种非 IMT 的主流宽带无线接入技术组，在步行/静止等室内外热点的承载能力日益凸显。大体上，其对业务量的分流比例与 IMT 的频谱需求是反相关的。近些年来，我国 WLAN 业务发展较为迅速，无线电管理部门为 WLAN 规划的频段资源也在增加。因此，频谱需求测算方法需要充分考虑未来网络融合的趋势，非 IMT 的宽带无线接入技术对业务量的分流能力还有待进一步调查研究。常用频谱需求测算方法是，在测算初始情况下，将 WLAN 业务量除去，仅考虑 IMT 基准业务量，并针对 IMT 业务量的未来发展进行预测。

3.2.3 常用频谱需求预测方法

常用频谱需求预测方法主要有 ITU-R M.1768、GSMA、FCC 和 IMT-2020 等方法。

3.2.3.1 ITU-R M.1768 频谱需求预测方法简介

ITU-R M.1768 建议书[3]公布于 2006 年，提出了一套针对全球范围内的、较为完备的频谱需求预测方法，主要用于不同制式的无线通信系统同时存在的情况下的整体频谱需求计算。ITU-R M.1768 频谱需求预测方法简称 ITU-R M.1768 方法，其一般频谱计算方法的流程图如图 3-4 所示。

ITU-R M.1768 方法所规定的输入参数较为细致，综合考虑了业务类别（SC）、无线接入技术组（RATG）、业务环境（SE）、无线电环境（RE）的影响。业务方面，ITU-R M.1768 方法共包含 20 种业务类别、6 种业务环境和 4 种无线电环境，需要针对每种场景提供数据输入。接入技术方面，ITR-R M.1768 方法包含 4 种 RATG，其中，2G 和 3G 系统划分为第一组，4G 系统划分为第二组。对于不同的 RATG，网络支持的最大传输速率和平均频谱效率等参数各有不同。在业务承载方面，分为分组域承载和电路域承载，需要针对不同的承载类型分别进行计算。该方法将不同种类业务的业务量在不同 SE、RE，以及不同 RATG 中分别承载，在计算某个 RATG 在不同电信密度中的频谱需求量时，取各电信密度频谱需求量最大值作为该 RATG 的频谱需求量。最后将各 RATG 的频谱需求量相加得到总的频谱需求量。

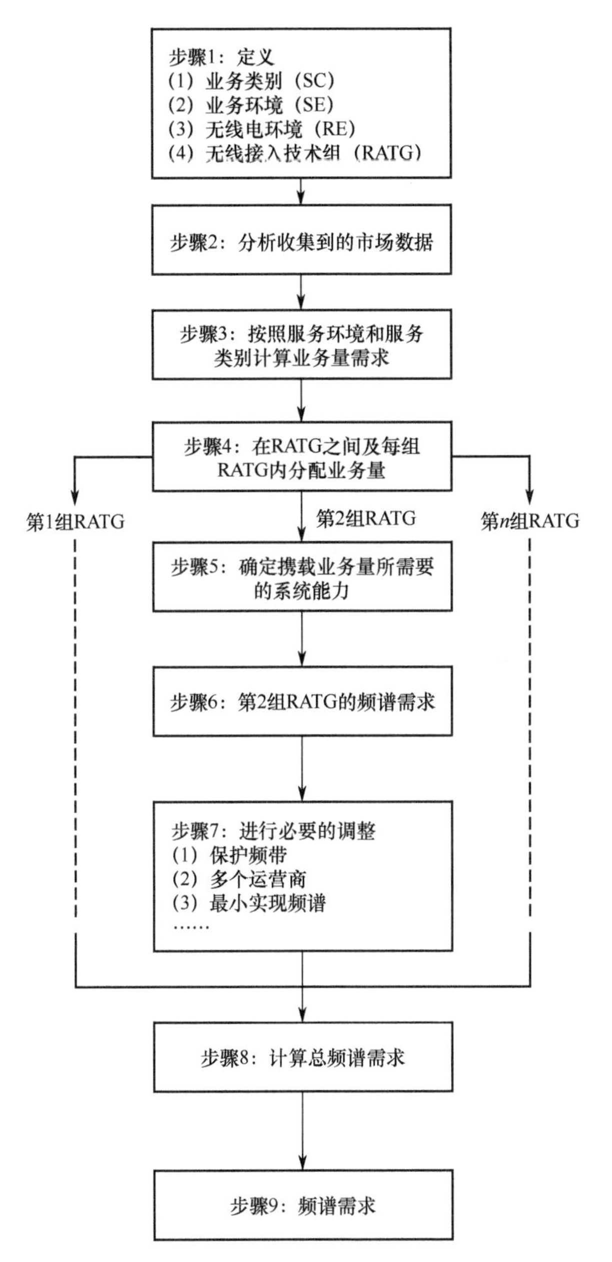

图 3-4 ITU-R M.1768 方法的一般频谱计算方法的流程图[3]

3.2.3.2 GSMA 频谱需求预测方法简介

GSMA 频谱需求预测方法是由 GSMA 组织内部和外部的多家单位联合推

动而形成的频谱需求预测模型，发布于 2012 年 6 月[5]。该方法是一种宏观的频谱需求预测方法，专注于国家或地区的业务总量预测及其分布情况，以及运营商网络部署情况和网络特性（如频谱效率和 QoS 保障等），最终推导出该国家或地区未来所需要的频谱总量。GSMA 采用的频谱需求预测方法主要分为八个步骤，其流程图如图 3-5 所示。

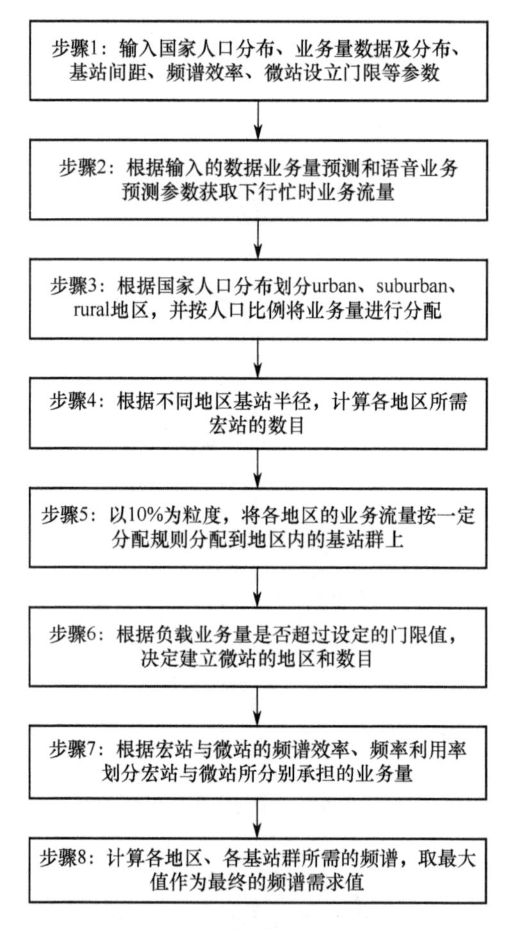

图 3-5　GSMA 频谱需求预测流程图

详细步骤介绍如下：

步骤 1：输入模型所需的基础数据，包括国家人口分布、业务量数据及分布、基站间距、频谱效率等。其中，业务量数据及分布目前来源于 Cisco 对全球年度业务量的预测。

步骤 2：分析业务量在时间上不均匀分布以及上下行分布的情况，通过将年度业务量数值乘以忙时系数，得到全国下行忙时总业务速率。

步骤 3：把国家人口分布表按人口密度进行排序，获得每 1%人口所占据的土地面积，从而体现人口的不均匀分布性。根据人口密度进行划线，区分国家内城区（urban）、郊区（suburban）、农村（rural）三种地区包含的人口数目和土地面积。将第 2 步计算得到的全国下行忙时总业务速率，按人口比例分配至各个地区。

步骤 4：根据三种地区的土地面积，以及各个地区宏站半径数据，结合人口覆盖率，计算各个地区使用宏站数目。

步骤 5：分析业务量在空间上的不均匀分布情况，将全国基站按业务量承载情况划分基站群，粒度为 10%的基站数。将业务量按预先设定的分布比例，分配到不同基站群。

步骤 6：考虑对业务量密度较大地区使用微站进行业务量分流，根据不同地区业务量情况确定建立微站的地区和数目。

步骤 7：运用宏站和微站频谱效率数值以及频率利用率、系统冗余量等参数计算不同地区宏站与微站承载业务的能力，单位是 bps/Hz/site。

步骤 8：根据第 7 步计算的业务承载能力，计算需要的频谱。取全国所有地区中所有基站群中频谱需求最大值作为最终的频谱需求值。

3.2.3.3 FCC 频谱需求预测方法简介

FCC 频谱需求预测方法和思路源自 2010 年 10 月 FCC 发布的《移动宽带：新增频谱的好处》[4]的技术报告。对比 ITU-R M.1768 方法，美国 FCC 提供的方法较为直观。该频谱预测方法的核心思路是：首先，建立流量与频谱需求关系的模型；其次，做流量预测；最后，根据模型计算出频谱需求情况。

FCC 频谱需求预测方法首先选取基准年 2009 年的数据作为起点，然后通过叠加三个加权因子直接得到结果。三个加权因子分别是业务量增长、站址增长和频率利用率增长，其中，后两个增长都是缓解频谱需求量的因素。美国 FCC 频谱需求预测方法流程图如图 3-6 所示。

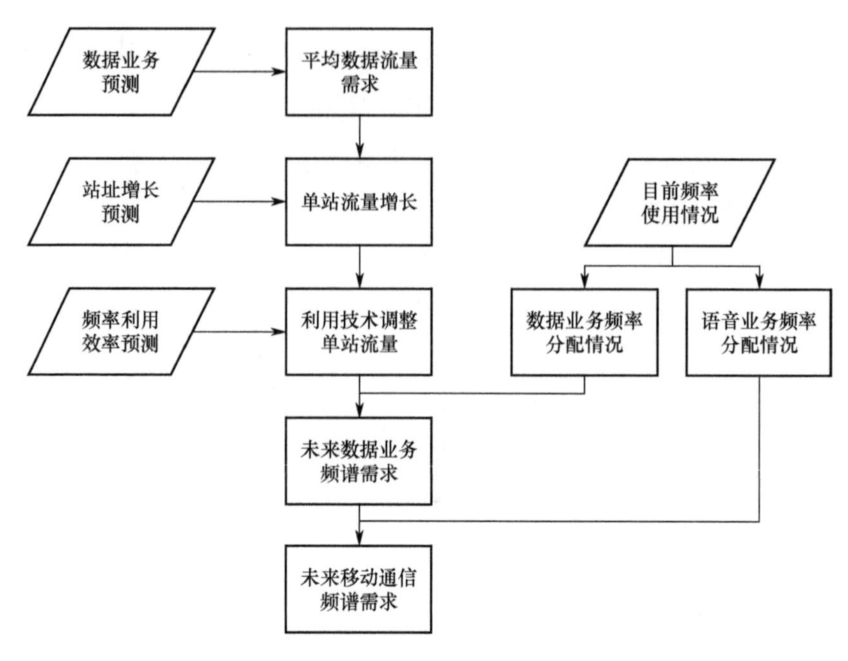

图 3-6 美国 FCC 频谱需求预测方法流程图

3.2.3.4 IMT-2020 频谱需求预测方法简介

IMT-2020 推进组的频谱组通过对频谱需求预测方法的研究与调查分析，结合我国移动通信系统实际部署特点以及运营商的参数统计类型特征，提出了一套适用于评估我国频谱需求的预测方法。IMT-2020 频谱需求预测方法的主要步骤流程图如图 3-7 所示。

该预测方法主要包括以下几个主要步骤：

步骤 1：业务量增长预测

业务量增长预测的基本思路是，首先选取一个基准年限，并获得该基准年限的业务量数值，然后依据一段连续时间内业务量的历史数据，结合预测函数获取业务量至目标年限的增长倍数，最后通过基准年业务量和预测增长倍数就能够获取目标年限的业务量预测数值。

步骤 2：业务量第一次分流，即无线接入技术（RAT）分流

业务量是承载在多种不同的无线接入技术上的，如 2G/3G/4G/WLAN 等。各种 RAT 的业务承载类型、承载能力和频谱效率等都有所不同，为了保证预测

结果的准确性，因此需要把总的业务量按照一定的分配比例分流到不同的 RAT 上，以便于后续分别预测各种 RAT 上的频谱需求。另外由于该预测主要考虑 IMT 系统的频谱需求，因此需要排除 WLAN 业务所分流的业务量。

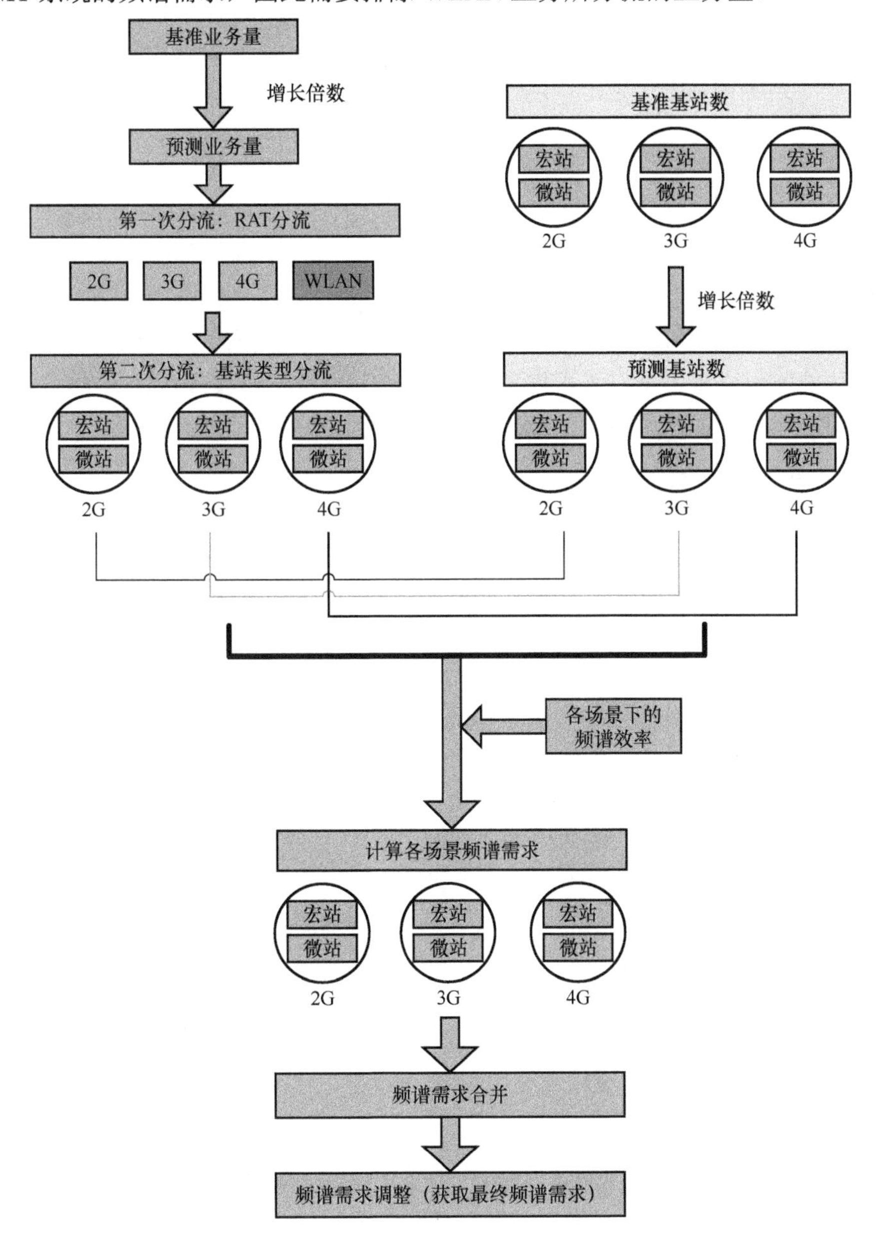

图 3-7　IMT-2020 频谱需求预测方法的主要步骤流程图

步骤 3：业务量第二次分流：基站类型分流

通过步骤 2 将业务量分流到不同的 RAT 上之后，还需要考虑每种 RAT 上存在的各种不同基站类型，如室外宏站、室外微站、室分站、小基站等，各种基站对业务量的承载能力也是有所不同的。因此，还需要将业务量按照一定的比例分流到各种基站类型上，以便于后续计算，这样才能保证最终的预测结果尽可能地贴近实际场景。

步骤 4：基站数目增长预测

基站数目增长预测的基本思路同步骤 1，首先需要获取基准年限的各类基站的数目，然后结合历史数据和预测函数预测目标年限各类基站的增长倍数，最后获取目标年限各类基站的预测数值。考虑到直接预测各类不同基站的增长倍数可能比较困难，所以也可以先预测总的基站增长倍数，再通过一组分配比例将目标年限总的基站数目分配到各种不同类型的基站上去。

步骤 5：计算各场景下的频谱需求

通过步骤 3 可以获得目标年限各场景下（不同的 RAT，不同的基站类型）的业务量，通过步骤 4 可以获得目标年限各场景下的基站数目，由此可以计算各场景下每个基站所需要承载的业务量。如果该基站类型同时包含多个扇区，则可以进一步计算每个扇区所需承载的业务量。接着根据目标年限各场景下预测的频谱效率就可以算出相应的频谱需求。

步骤 6：频谱需求合并及调整

通过步骤 5 已经获得各场景下的频谱需求，依据一定的合并原则将这些频谱需求进行相加而得到总的频谱需求。进一步考虑到运营商的数目、频谱资源的分配粒度和保护间隔等因素，对该总的频谱需求进行合理调整并获取最终的频谱需求数值。

3.2.4　5G 频谱需求预测方法

前面介绍的 IMT 常用频谱需求的预测方法主要用于 3G、4G 网络频谱的需求，对于 5G 网络频谱需求的预测，从目前 ITU-R WP5D[6]的研究来看，主要考虑基于业务预测（Traffic forecast-based approach）、基于应用（Applicationbased approach）和基于技术特性（Technical performance-based approach）的三种方法。

从我国提交给 ITU 的相关结果来看，我国无线电管理机构选择了基于 5G 技术特性来预测 5G 网络的频谱需求。ITU-R M.2083-1 建议书中给出了 IMT-2020 5G 系统的愿景和技术需求[7]，并提出了 5G 不同的关键能力。5G 将主要包含三种应用场景，分别是增强移动带宽（eMBB）、超高可靠低时延通信（uRLLC）和海量机器类通信（mMTC）。比较其他两个应用场景，更多的业务量将发生在增强移动宽带场景。目前，5G 频谱需求预测主要聚焦在增强移动宽带的使用场景。

我国 5G 频谱需求主要基于 eMBB 场景的用户体验速率、峰值速率和业务容量三个关键能力进行了分析。每个关键能力可以映射到不同的部署场景，包括室内热点、密集城区的室外热点层和宏覆盖层、城区宏小区和高速场景。结合每个关键能力及其映射的特定的部署场景，通过每个部署场景下的频谱效率，其中网络的频谱效率可以通过数学分析或系统仿真得到，可以计算得到每个部署场景的频谱需求。然后，考虑所有部署场景的频谱需求，可以进一步得到每个关键能力所需要的频谱需求。考虑到 IMT-2020 5G 系统的频谱需求需要满足所有的关键性能指标的要求，那么可以取所有关键性能指标需要的频谱需求的最大值作为最终的频谱需求[8]。

3.3 候选频段推荐研究

候选频段推荐研究主要基于频谱需求的研究结论，充分考虑业务划分情况、移动通信系统需求、设备器件制造能力等综合因素，初步选择合适的目标频段，各国、各标准化组织立足于本国、本地区的频率使用现状，提出初步的候选频段。

3.3.1 关键因素分析

各国、各标准化组织在选择候选频段时，先期主要考虑以下 4 个因素。

1. 现有业务划分情况

在推荐IMT候选频段时，需要重点研究已有业务划分情况。根据国际电信联盟的《无线电规则》，多种业务共用频带应遵循以下原则：（1）多种业务共用同一频带时，相同标识的业务使用频率具有同等地位，除另有明确规定者外；（2）遇有干扰时，一般应本着后用让先用、无规划的让有规划的原则处理；（3）当发现主要业务频率遭受到次要业务频率的有害干扰时，次要业务的有关主管或使用部门应积极采取有效措施，尽快消除干扰。

对于主要业务和次要业务之间的关系规定如下：（1）不得对业经指配或将来可能指配频率的主要业务电台产生有害干扰；（2）不得对来自业经指配或将来可能指配频率的主要业务电台的有害干扰提出保护要求；（3）可要求保护不受来自将来可能指配频率的同一业务或其他次要业务电台的有害干扰。

IMT属于移动业务，因此在进行IMT候选频段推荐时，优先选择已经以主要业务划分给移动业务的频段，后续只需要新增或已有脚注中将频段标识给IMT。次选以主要业务划分给固定业务的频段，主要基于兼容性的角度来考虑，固定业务站点较为可控，同频段共存的可能性更大，后续需要将移动业务作为主要业务划分（包括新增划分或将移动业务从次要业务升级为主要业务），再通过新增脚注将频段标识给IMT。

2. 移动通信运营商组网需求

在选择候选频段时，主要从移动通信运营商组网需求来进行考量。不同频段在组网时定位不同，比如：1 GHz以下低频，主要满足网络的覆盖需求，实现网络的连续性；1～3 GHz频段，可兼顾组网覆盖及容量需求，作为覆盖和业务量承载的主力频段，以提升覆盖厚度为主等；对于更高频段，可提供较大的带宽，主要满足网络的性能要求，提供较高的速率。因此，各国在初步选择候选频段时，需要综合考虑，以满足网络对覆盖、容量、性能等各方面的要求。

3. 设备实现的复杂度

减少设备复杂性，主要和“候选频段与现有已标识为IMT频段的邻近程度”关联较大，间隔越小则对后续新设备的开发的成本和复杂度影响也越小。

4. 国际/区域一致性划分

国际/区域一致性，主要希望在全球或区域范围内，尽量达成协调一致的方案，以实现更大的规模效应，降低 IMT 网络和终端的成本，降低国际漫游以及边境频率协调的难度。

3.3.2 应用举例

1. 候选频段选取示例

在 WRC-15 AI 1.13 议题中，候选频段选取时主要考虑以下 4 个原则：

（1）主要业务分配给移动业务/固定业务的频段；

（2）对研究频段进行充分共存研究以保护频段内/邻频现有业务；

（3）国际/区域一致性分配；

（4）灵活精细的频谱使用方式，例如室内/室外、区域性规划使用等。

2. 候选频段推荐研究示例

应对 WRC-191.13 议题成立了专门的课题研究组，在推荐研究频段时，考虑了以下原则：

（1）已标识为移动业务；

（2）对已有卫星业务频段的保护（主要针对空对地）；

（3）对被动业务（如射电天文）的保护；

（4）寻找尽可能连续的宽带频谱资源（如连续 500 MHz）。

3.4 兼容性共存分析研究

在《无线电规则》中明确规定次要业务让主要业务、后用让先用、无规划让有规划等准则。兼容性共存分析研究是候选频段可行性研究的关键环节，主要评估新引入的 IMT 系统在哪些条件下可以与现有业务实现兼容共存，不对现存业务造成有害干扰[9]。主要根据所提候选频段的业务划分、系统规划和使用现状，并基于现有业务或系统的技术特性、部署场景等因素，开展 IMT 系统与已有或拟规划的其他系统之间的兼容性研究。

3.4.1 共存分析研究通用方法

共存分析研究主要采用确定性计算及系统仿真两种方法开展相关工作。确定性计算主要考虑 IMT 单站对其他系统接收站的干扰，可采用本书 2.4.1 节中的确定性计算方法进行分析，一般适用于固定站点的分析。考虑 IMT 系统的密集部署，对于其他系统的集总干扰，采用本书 2.4.2.1 节中的静态仿真方法进行研究。

3.4.2 共存分析研究关键因素

3.4.2.1 网络拓扑

不同系统间的干扰仿真研究中，网络拓扑尤为重要，不同的网络拓扑结构往往产生不同的干扰结果。地面系统间和地对空系统的干扰，不同的网络拓扑存在较大差异，主要包括以下三种网络拓扑结构。

1. 中心挖洞式

中心挖洞式网络拓扑结构主要用于地面系统的分析，如 FSS 地球站、EESS 地球站等。IMT 与异系统处于同一地理区域，异系统受到来自 IMT 基站的集总干扰。一般假设被干扰系统处于 IMT 部署区域的中心。中心挖洞式网络拓扑结构如图 3-8 所示。

在图 3-8 中，IMT 基站为 3 扇区的宏站，以蜂窝状连续部署；被干扰基站处于中心位置；D 为被干扰基站到 IMT 最内圈基站的距离，单位为 km。在仿真中，可通过改变距离 D 但不改变 IMT 基站圈数，计算不同距离 D 下的被干扰接收机受到的集总干扰功率。该仿真拓扑一般用于城区环境下的仿真使用。

2. 拉远式

拉远式网络拓扑结构主要用于地面系统分析，如射电天文台、EESS 地球站等。主要考虑 IMT 部署的差别，一般用于郊区等场景，分析 IMT 对异系统的集总干扰。可以考察被干扰接收机天线正对方向上的 IMT 基站，即 IMT 基站部署在被干扰接收机天线辐射的正方向，其中 IMT 基站以 19 基站 3 扇区形成连续部署。拉远式网络拓扑结构如图 3-9 所示。

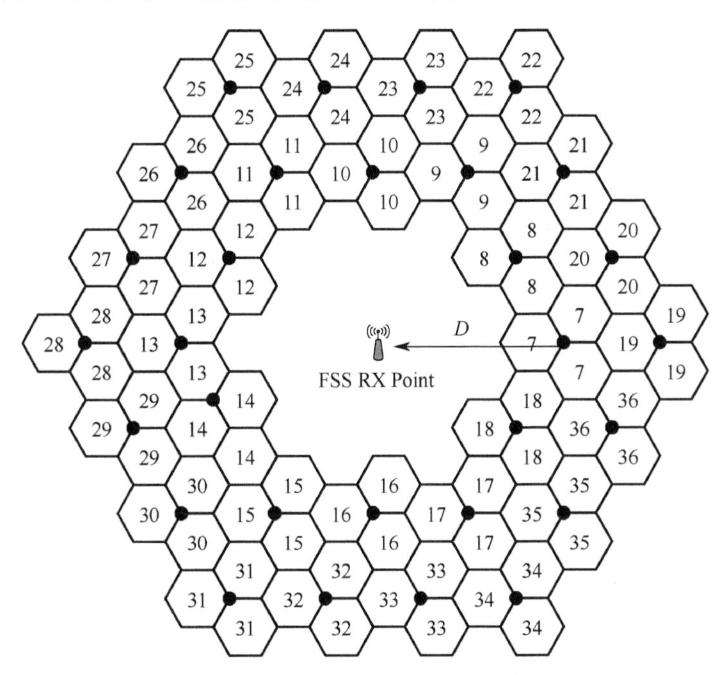

图 3-8　中心挖洞式网络拓扑结构

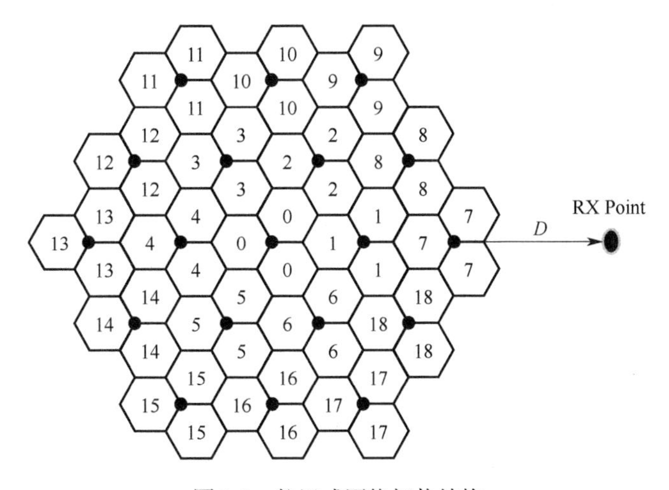

图 3-9　拉远式网络拓扑结构

此种结构相较于中心挖洞式网络拓扑结构，优势在于干扰和被干扰系统之间的隔离距离可以取任意值进行仿真，最终找到最佳的隔离距离。该拓扑 IMT 基站数量 19 个，虽然数量较少，但是可以将其部署在被干扰系统接收机天线的正方向。因此，中心挖洞式和拉远式这两种网络拓扑结构可以相互补充，得到的仿真结果更接近于实际情况。

3. 地对空

对于高空和地面间通信系统，当到达一定的高度后，对地面具有很大的覆盖面积，覆盖半径从几千米到几十千米，甚至上百千米 。此时，被干扰系统天线覆盖范围内的 IMT 系统基站均有可能对该系统产生有害干扰。因此，在研究此场景时，IMT 系统部署区域的范围，主要取决于受干扰系统的高度以及覆盖范围。地对空场景网络拓扑结构如图 3-10 所示。

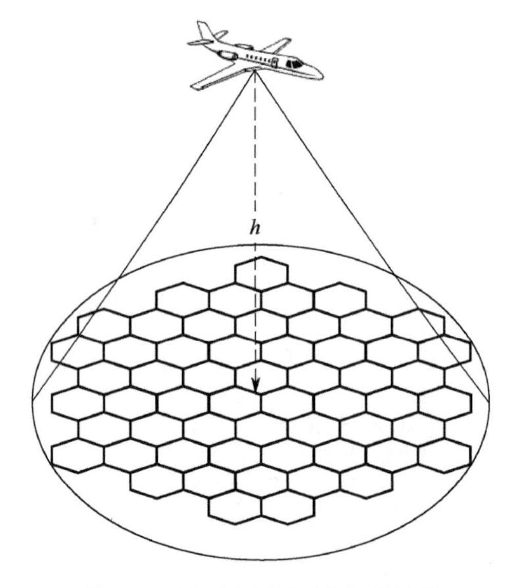

图 3-10　地对空场景网络拓扑结构

3.4.2.2　传播模型

对于 IMT 系统与异系统的分析，传播模型主要参考 ITU-R P 系列的建议书；对于地面上的业务，主要参考 ITU-R P.452[10]和 ITU-R P.1546[11]建议书给出的模型；对于地对空场景，一般参考 ITU-R P.619 模型[12]，同时考虑 ITU-R P.2108 建议书给出的地物损耗模型[13]。

3.4.2.3 集总干扰

根据不同的共存场景，在集总干扰分析中还应当考虑以下因素：

（1）IMT 基站会根据一定的负载比例来确定是处于发射状态还是静默状态。这个负载比例可以是一个单独的数值，也可以从一个范围内随机选择。

（2）当仿真涉及的地理区域非常大、包含非常多的 IMT 基站时，直接对整个区域进行仿真可能是比较困难的。这时可以考虑等效的简化处理方法，即将整个区域划分为足够大的子区域，然后对某个子区域内的 IMT 基站进行仿真，并提取其统计特性，用以模拟其他子区域的干扰情况。但需要注意，不同的子区域内的 IMT 基站对于受扰系统接收机的发射角和到达角可能有明显差异，需要在计算中予以充分考虑。采用简化仿真方法的基本原则是，该方法提供的结果与直接仿真方法应当保持良好的一致性，不能有明显差异。

（3）IMT 小站的开关（on/off）机制可能对基站的负载比例产生影响。采用 on/off 机制可以减小对同频或邻频其他小区或其他系统接收机的干扰。

（4）对于 TDD 系统而言，由于上下行是通过时间来区分的，因此其基站仅在部分时间内处于发射状态。如果以无线帧或更大的时间单位来进行统计，其平均发射功率将进一步降低。

（5）未来的网络部署将会非常灵活，高数据速率的业务可能主要存在于离散的热点区域，因此对于来自这类特定业务的干扰仅需要考虑部分离散区域的集总干扰。

（6）IMT 系统大规模部署时的建模。

一个局部地区的 IMT 系统部署密度值主要针对城市热点地区（人口密集的地区，如高层建筑物的地区和附近拥挤的地区）和郊区热点地区，适用于部署单个热点或一小群 IMT 小区，同时需要根据热点面积占研究总面积的比例调整部署密度值[14]。

用于共享研究的大面积（D_1）部署的密度值，可根据以下公式计算：

$$D_1 = D_s \times R_a \times R_b \tag{3.1}$$

式中，D_s 是指室外热点区域的密度值，即同时发送的 UE 的密度或每平方千米的 BS 数量；R_a 是指热点地区与城市建成区的比例，一般为百分比（%）；R_b 是指城市建成区与总研究区域的比例，一般为百分比（%）。

首先，需要对部署密度值进行调整，以考虑热点地区与城市建成区总面积之比。对于 24 GHz 以上频谱的 IMT 部署，热点地区总面积将主要由密集城区中的热点地区组成。城市中密集的城市面积与城市建成区总面积之间的典型比例显著低于 10%，热点部署的比例（R_a）通常小于 10%。对于 24.25～86 GHz 频段的 IMT 共存和兼容性研究，应使用城区 7%和郊区 3%的 R_a 值。

其次，对于在更大的区域（如一个国家或地区）进行 IMT 部署的研究，需要进一步调整 IMT 的部署密度值，以便考虑没有 IMT 的城市建成区以外的面积较大地区，同时需要根据城市建成区面积占总体面积的比例进一步调整部署密度值。一个国家/地区内城市建成区面积与总面积之比（R_b）的典型值通常小于 5%。对于 24.25～86 GHz 频段的 IMT 共用和兼容性研究，应使用 5%的 R_b 值。

R_a 和 R_b 的值用于涉及大规模部署的 24.25～86 GHz 频段的 IMT 部署的研究，取值见表 3-1。

表 3-1　IMT 系统大规模部署时 R_a、R_b 的取值

R_a	城区 7%，郊区 3%
R_b	5%

3.5 《无线电规则》中 IMT 已标识频段

在 WARC-92 会议上，1 885～2 025 MHz 和 2 110～2 200 MHz 频段内共有 230 MHz 的频谱被确定用于 IMT-2000，包括第 5.388 款和第 212 号决议条款中规定用于 IMT-2000 卫星部分的 1 980～2 010 MHz 和 2 170～2 200 MHz 频段。

在 WRC-2000 会议上，更多的频谱被提出用于 IMT-2000 的发展。大会充分讨论了移动通信业务的增长、全球终端漫游等情况，最终确定 806～960 MHz，1 710～1 885 MHz 和 2 500～2 690 MHz 共 519 MHz 频谱被用于 IMT-2000。

在 WRC-07 会议上，一项最重要的决定就是确定了包括 450～470MHz、2 300～2 400 MHz 和 3 400～3 600 MHz 共 320 MHz 频谱用于 IMT 全球统一标

识，并将二区、三区国家的 698～806 MHz 频段和一区国家的 790～862 MHz 频段以国家脚注的方式标识给 IMT。

在 WRC-15 会议上，新增 470～698 MHz、1 427～1 518 MHz、3 300～3 400 MHz、3 600～3 700 MHz、4 800～4 990 MHz 频段共 709 MHz 划分给部分区域或国家的 IMT 使用。WRC 会议新增 IMT 标识频谱如图 3-11 所示。尽管大会总的新增频谱量高达 709 MHz，却由于参会各国在确定 IMT 新增全球统一频谱的问题上存在较大分歧，在全球统一频谱方面，最终仅达成了 1 427～1 452 MHz 和 1 492～1 518 MHz 两段共 51 MHz 的全球统一频谱。

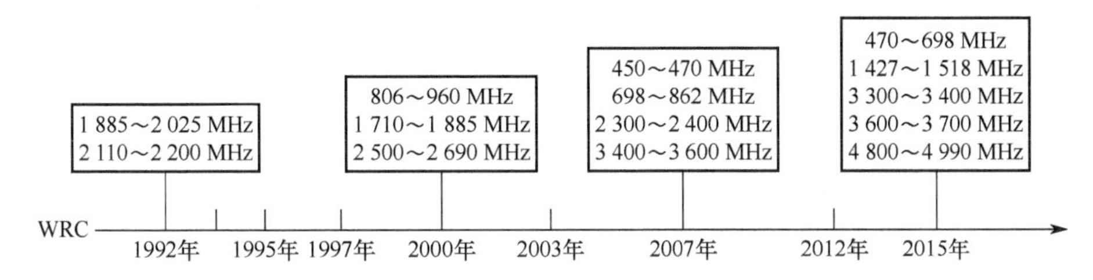

图 3-11 WRC 会议新增 IMT 标识频谱

在表 3-2 中列出了目前已经在《无线电规则》中标识为 IMT 的频段及相关脚注。

表 3-2 《无线电规则》中标识为 IMT 的频段及相关脚注

频段（MHz）	相关脚注		
	一区	二区	三区
450～470	5.286AA		
470～698	—	5.295, 5.308A	5.296A
694/698～960	5.317A	5.317A	5.313A，5.317A
1 427～1 518	5.341A，5.346	5.341B	5.341C，5.346A
1 710～2 025	5.384A，5.388		
2 110～2 200	5.388		
2 300～2 400	5.384A		
2 500～2 690	5.384A		
3 300～3 400	5.429B	5.429D	5.429F
3 400～3 600	5.430A	5.431B	5.432A，5.432B，5.433A
3 600～3 700	—	5.434	—
4 800～4 990	—	5.441A	5.441B

3.6 面向5G的高频段

相较于以往的各代移动通信系统，5G 需要满足更加多样化的场景和极致挑战。2015 年 ITU-R WP5D 发布 ITU-R M.2083-1 建议书（5G 愿景），定义 5G 系统将满足增强的移动带宽、海量机器类通信、超高可靠低时延通信三大主要应用场景，并支持至少 100 Mbps～1 Gbps 的边缘用户体验速率，10～20 Gbps 的系统峰值速率，100 万/平方千米的连接数密度，1 ms 的空口时延，相比 4G 提升 3～5 倍的频谱效率和百倍的能效，500 km/h 的移动性支持，10 Mb/(s×m^2) 的流量密度等关键能力指标。

既然 5G 系统需要满足不同场景下的应用需求，那么就需要对支持部署 5G 系统新空口标准的候选频段进行全频段布局，以综合满足网络对容量、覆盖、性能等方面的要求。低频段已非常拥挤，且大多涉及与其他系统的干扰保护，共存条件苛刻，然而中低频段传播特性中的较强穿透力和广域覆盖能力，是 5G 实现大覆盖、高移动性场景下的用户体验和海量设备连接的必然选择；即使 6 GHz 以上毫米波频段覆盖能力相对中低频段较弱，难以实现全网覆盖，但是丰富的频谱资源能够满足 5G 在热点区域极高的用户体验速率和系统容量需求。整体而言，5G 系统频谱需要着眼低频段和高频段，进行统筹规划，相互补充[15]。

3.6.1 WRC-19 1.13 议题

为了积极应对未来移动通信数据流量的快速增长，WRC-15 大会形成决议，确定了 WRC-19 1.13 议题：根据第 238 号决议（WRC-15），审议为国际移动通信（IMT）的未来发展确定频段，包括为作为主要业务的移动业务进行附加划分的可能性，并请 ITU-R 完成以下相关工作。

一是在 WRC-19 之前开展并及时完成适当的研究，以确定在 24.25 GHz 至 86 GHz 频率范围内 IMT 地面部分的频谱需求，同时顾及：

（1）此频率范围内操作的地面 IMT 系统的技术和操作特性，包括通过技术进步和高效频谱技术实现的 IMT 演进；

（2）为 IMT-2020 系统设想的部署方案及对高密度城区和/或高峰时间段内高数据流量的相关要求；

（3）发展中国家的需求；

（4）需要频谱的时间表。

二是在 WRC-19 之前开展并及时完成适当的共用和兼容性研究，同时考虑到为下述频段内的主要业务提供保护：

（1）作为主要业务的移动业务得到划分的各频段：24.25～27.5 GHz、37～40.5 GHz、42.5～43.5 GHz、45.5～47 GHz、47.2～50.2 GHz、50.4～52.6 GHz、66～76 GHz 和 81～86 GHz 频段；

（2）可能需为作为主要业务的移动业务提供附加划分的 31.8～33.4 GHz、40.5～42.5 GHz 和 47～47.2 GHz 频段。

WRC-19 1.13 议题候选频段如图 3-12 所示。WRC-19 1.13 议题的研究内容具体包括三方面的内容，即频谱需求预测、候选频段推荐研究和系统间干扰共存分析研究。

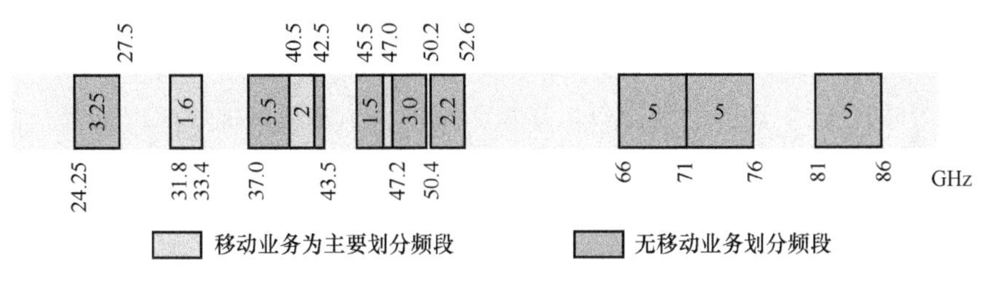

图 3-12　WRC-19 1.13 议题候选频段

在 WRC-15 之后的 WRC-19 第一次筹备组会议 CPM19-1 会议上，确定了 ITU-R 负责该议题的研究组是 5G 毫米波特设工作组（TG 5/1），它负责兼容性共存分析，并形成 CPM 报告，给出全球 5G 频率规划建议。同时进一步确定，由 ITU-R WP5D 完成 24.25 GHz 至 86 GHz 频段范围内 IMT 频谱需求预测、IMT 技术与操作特性参数研究；由 ITU-R SG 3 负责共存研究所需要的传播模型；ITU-R 其他组包括 SG 4、SG 5、SG 6、SG 7 负责向 TG 5/1 提供相关频段上原有业务的参数及保护准则等内容。WRC-19 1.13 议题在 ITU-R 层面的组织架构及推进关系如图 3-13 所示。

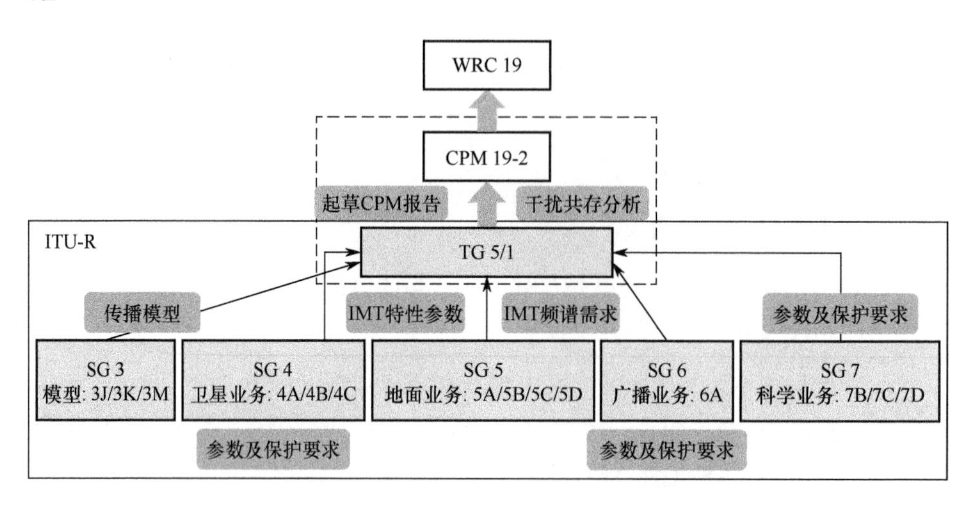

图 3-13　WRC-19 1.13 议题在 ITU 层面的组织架构及推进关系

从时间进度来看，TG5/1 先后如期召开了 6 次国际研究及协调会议，在 2018 年 9 月完成相应的共存分析及 CPM 报告。TG 5/1 工作时间计划如图 3-14 所示，其中，第 2 次会议之前为准备阶段，其工作主要是等待接收来自其他研究组提供的用于开展兼容性共存分析的系统参数、传输模型等；之后的 5 次会议，根据各国及研究组织提交的研究结果进行讨论、融合、提炼，形成最终的结论。

WRC-19 1.13 议题的主要目标是致力于为 5G 寻求全球或区域协调一致的毫米波频段，也是全球开展 5G 毫米波研究的重要前提。因此，该议题的研究走向对全球 5G 频率规划有着重要影响，多数国家或地区将根据议题进展及结果开展规划。从某种意义上说，一个国家或地区要引领全球 5G 频谱发展走向，就需要依托 WRC-19 1.13 议题，通过议题研究将国家或区域观点全球化。

3.6.2　国内重点研究考虑频段

我国主管机构为了应对 WRC-19 1.13 议题也成立了专门的课题研究组，重点研究的频段包括 24.25～27.5 GHz 以及 37.5～43.5 GHz 频段。

1．24.25～27.5 GHz 频段

24.25～27.5 GHz 频段（简称 26 GHz 频段），是 WRC-19 1.13 议题中频段最低的一段。在 ITU《无线电规则》频率划分表中，该频段主要划分给移动业

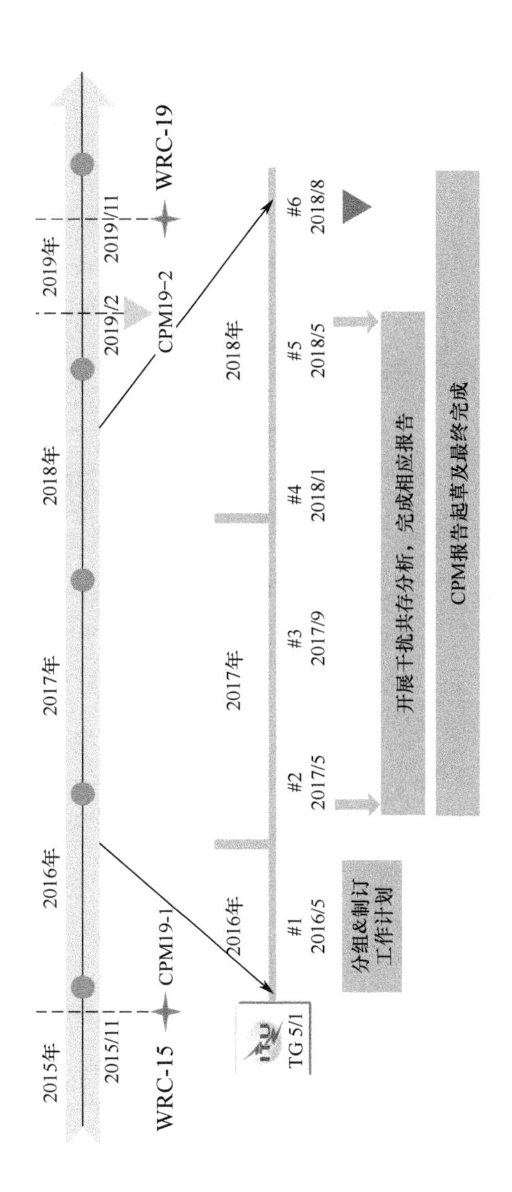

图 3-14　TG 5/1 工作时间计划

务。总的来说，24.25～27.5 GHz 频段由于频段相对较低，带宽较大（3 250 MHz 的连续带宽），在议题确立之后就被全球 IMT 产业火速锁定为优先研究且极力争取的频段[16]。

目前在 24.25～27.5 GHz 频段上，我国主要存在 ISS、EESS/SRS 下行、FSS 上行业务，具体为：25.25～27.5 GHz 频段存在卫星间业务（ISS）；25.5～27 GHz 频段存在卫星地球探测的空对地/空间研究业务（EESS/SRS）；27～27.5 GHz 频段存在卫星固定（地对空）业务（FSS）。同时需要关注邻频 23.6～24 GHz 频段上，存在卫星地球探测无源业务（EESS passive），以及射电天文业务（RAS）。

2．37.5～43.5 GHz 频段

在 ITU《无线电规则》频率划分表中，该频段也主要划分给移动业务，而且带宽较大（6 000 MHz 的连续带宽），也是国际产业界较为重视的频段，欧洲、美国、日本、韩国均支持其中部分频段。

我国在该频段主要存在 FSS 下行、RAS，具体为：37.5～41.5 GHz 存在卫星固定（空对地）业务；42.5～43.5 GHz 频段存在射电天文业务，现用于青海德令哈市、上海佘山、新疆乌鲁木齐南山地区、北京密云区不老屯镇、新疆奇台县。《无线电规则》对该频段的射电天文业务保护要求较高，同时需要关注邻频 36～37 GHz 频段上，存在卫星地球探测无源业务（EESS passive）。

业界已经形成共识，毫米波频段将为 5G 系统重要工作频段，为科学、合理进行 5G 系统频率规划，我国工业和信息化部于 2017 年 6 月 8 日发布了关于在毫米波频段规划第五代国际移动通信系统（5G）使用频谱的公开征求意见函，公开征集 24.75～27.5 GHz、37～42.5 GHz 或其他毫米波频段 5G 系统频率规划的意见。2017 年 7 月，工业和信息化部批复 4.8～5 GHz、24.75～27.5 GHz 和 37～42.5 GHz 频段用于我国的 5G 技术研发试验，试验地点为中国信息通信研究院 MTNet 试验室和北京怀柔、顺义的 5G 技术试验外场。2018 年 6 月，工业和信息化部再次向运营企业、设备、终端、芯片厂和仪表厂商发布《关于第五代国际移动通信系统（5G）毫米波频段规划与使用调查问卷函》，以推动我国毫米波频段的规划。

3.7 小结

无线电频谱是宝贵而有限的自然资源。为维护空中电波秩序，保证各种无线电设备有效、正常地工作，防止相互产生有害干扰，就必须通过频率划分方式，充分、有效和科学地使用有限的无线电频谱资源，发挥其最大的经济效益和社会效益，以促进无线电事业的健康发展，更好地为国民经济建设服务。因此，在进行总体无线电频率划分时，需要统筹考虑各类无线电业务的实际需求，在规划新业务、新技术的频谱需求时，充分考虑我国频谱使用的现实状况，尽力做到既鼓励采用新技术又不脱离实际；需要选择技术成熟、先进可靠的标准和体制，积极支持频谱的高效利用和协议开放的通信方式，既要保护民族工业又要鼓励不同厂商、不同体制间的竞争；需要深入研究各类业务之间的电磁兼容特性及频率共用的可能性，以提高频谱利用率，同时还要兼顾长远需求，使同一频段上的新旧业务之间实现平滑过渡。

近二十多年来，移动通信和移动互联网产业的高速发展使其影响日益扩大，成为国家政治、经济发展中不可或缺的一环。随着业务量的不断增长，移动通信产业面临前所未有的频谱资源短缺的困境，迫切需要划分更多的频谱资源用于移动通信产业，以保障移动通信产业的快速发展。从近几届 ITU-R WRC 研究议题就能看出，差不多每两届 WRC，都有提出需要为 IMT 产业寻找新增频率划分的议题。

由于频谱资源涉及各个地区和国家的根本利益，同时也涉及各个国家内的不同产业部门的利益，因此 IMT 频谱的新增之路注定不会一帆风顺。移动通信技术变革，十年“一代”，承载技术与网络向前发展的频谱资源分配同样也是十年“一代”，移动通信频率从划分到分配使用，其间经历着从需求分析、具体评估、共存研究、国际划分、地区/国家划分与规划方法的出台，到最终的频率分配。只有为移动通信提供了频谱资源保障，才能更好地承载技术的演进变革、网络的升级变迁。因此，及时为未来移动通信划分必要的频谱资源是非常重要的工作。

参 考 文 献

[1] ITU Radio Regulations edition of 2015[EB/OL]. 2015[2019-12-10]. http://www. itu.int.

[2] IMT-2020（5G）推进组、频谱需求预测白皮书[R]. 2012.

[3] ITU-R M.1768-1 建议书，IMT-2000 以及超 IMT-2000 系统的地面部分未来发展的频谱需求的计算方法[S]. ITU，2013-04.

[4] FCC. 移动宽带：新增频谱的好处[R]. 2010-10.

[5] GSMA. Spectrum Demand Modelling Approach[R]. 2012-06.

[6] ITU-R WP5D, R15-WP5D-170214-TD-0257!!MSW-E- Liaisonstatement to Task Group 51[R]. 2017-02. http://www. itu.int.

[7] ITU-R M.2083-0 建议书，IMT 愿景–2020 年及之后 IMT 未来发展的框架和总体目标[S]，ITU, 2015-09.

[8] 工业和信息化部. 中华人民共和国无线电频谱划分规定[EB/OL]. 2017[2019-12-11]. http://www.miit.gov.cn/n1146295/n1146592/n3917132/n4061504/c6140002/content.html.

[9] Recommendation ITU-R-M.2101, Modeling and simulation of IMT networks and systems for use in sharing and compatibility studies[S]. ITU, 2017-06.

[10] Recommendation ITU-R P.452-16, Prediction procedure for the evaluation of interference between stations on the surface of the Earth at frequencies above about 0.1 GHz[S]. ITU, 2015-07.

[11] Recommendation ITU-R P.1546, Method for point-to-area predictions for terrestrial services in the frequency range 30 MHz to 3 000 MHz [S]. ITU, 2013-09.

[12] Recommendation ITU-R P.619-3, Propagation data required for the evaluation of interference between stations in space and those on the surface of the Earth [S]. ITU, 2017-12.

[13] Recommendation ITU-R P.2108, Prediction of Clutter Loss[S]. ITU, 2017-06.

[14] CCSA TC5 WG8. 2018-0221T-YD. IMT 网络和系统与其他无线电业务系统的兼容共存分析参数、建模与仿真方法. 中国通信标准化协会，2018.

[15] 方箭，李景春，黄标，冯岩，等. 5G 频谱研究现状及展望[M]. 电信科学，2015（12）：1-8.

[16] 王坦，何天琦，等. 5G 峰值流量担当，26 GHz 频段走向解析[EB/OL]. 2017-09-01. http://www.srrc.org.cn/article18737.aspx.

第4章
IMT 频率规划

在无线电频谱管理中，无线电频率规划是一个不可缺少的环节，它介于频率划分与频率分配之间，承上启下，用于指导频率的分配和指配。例如，我国的4G 频率规划（工信部无〔2012〕436 号）[1]依托于相应频段移动业务的划分；2013年，我国 TD-LTE 的频率分配（工信部无函〔2013〕517 号、518 号和 519 号）则是基于 4G 规划文件中 TDD 系统的频率规划[2~6]。具体而言，就是根据无线电频率划分规定，将某一频段内的某项业务的频率在地域或时间上的使用预先做出的统筹安排，以实现频谱资源的有效利用并避免频谱间的有害干扰。

本章主要介绍 ITU 频率规划的方法、现状，以及国内频率规划的原则、方式等。

4.1 ITU 频率规划

从频率规划政策、监管和标准化的角度来讲，全球化的国际电信法规标准组织国际电信联盟（ITU）起着举足轻重的作用，ITU 通过融合各个工作组织层面的研究、建议和结果，最终建立全球化规则框架。而区域组织包括欧洲 CEPT、美洲 CITEL 和亚洲 APT 等的标准化研究组织充分吸纳来自监管机构及行业观点和建议，通过地区会议讨论形成区域共同观点，进而向 ITU 提交区域性的观点。各国主管机构也可以充分考虑本国实际情况，向 ITU 提交国家观点。最终在 ITU-R WP5D 统一形成 ITU-R 的频率安排方案建议书，并对外进行发布，比如 ITU-R M.1036 规定：“《无线电规则》中为 IMT 确定的频段内实现国际移动通信（IMT）地面部分的频率安排。”该建议书可为各国主管机构对国内频率规划提供参考。

4.1.1 主要原则

参考 ITU-R M.1036-5 建议书[7]，ITU-R 频率规划的主要原则包括以下 7 点：

（1）国际电信联盟（ITU）是国际上公认的与其他组织进行协作，并且唯一负责为 IMT 系统制定、推荐标准和频率安排的机构。

（2）IMT 的全球协调频率及安排是必须的。

（3）在为 IMT 确定的频段内尽量减少需全球协调的频率安排；这样将会减少 IMT 网络和终端为提供规模效益所需的总成本，并能够促进部署和跨境协调。

（4）在频率安排无法进行全球协调时，有一个共同的基础和/或共用的移动发射频段将促进终端设备的全球漫游。特别是共用的发射频段，提供了向漫游用户广播、建立呼叫所需的全部信息的可能性。

（5）在制定频率安排时，应考虑可能的技术制约，如成本效率、终端的尺寸与复杂性、高速/低功耗数字信号处理和对小巧电池的需求。

（6）在制定频率安排时，应尽量减小 IMT 系统的保护频段，以避免频谱的浪费。

（7）在制定频率安排时，考虑 IMT 中现有的和将来的技术优势，如多模式/多频段终端、增强的滤波技术、自适应天线、先进的信号处理技术、与认知无线电系统有关的技术、可变双工技术和无线连接外设等，有利于更有效地利用和提高无线电频谱的整体利用率。

4.1.2 需要考虑的技术问题

在做频率规划方案时，还需要考虑一些技术问题。

1. 频率的分段

为了维持部署的灵活性，建议所做的频率安排，或者可用于 FDD 方式，或者可用于 TDD 方式，或者可用于这两种方式且在采用成对频谱的 FDD 和 TDD 方式之间，但对于同一个频段，不要将其频率安排进行分段。

2. 双工安排和间隔

考虑到终端的发射功率有限，系统性能一般都受到上行链路的链路余量的制约。通常情况下，FDD 地面移动系统常规的双工方式是，移动终端在低频发射，基站在高频发射。因此，对于所有 IMT 系统确定使用的频段，IMT 系统工作在 FDD 方式时也应维持常规的双工方式，移动终端在频段的低端发射，基站在频段的高端发射。

在某些情况下，为了方便与相邻业务的共存，也可以采用相反的双工方式，即移动终端在频段的高端发射，基站在频段的低端发射，这样的情况在 ITU-R M.1036 建议书的 IMT 频率安排中有规定[7]。

对于打算实施一部分 IMT 频率安排的无线电管理机构来说，信道配对应与整体频率安排的双工频率间隔相一致。

3. 双双工器

在 FDD 方案中，需要使用双工器。双工间隔、双工器工作带宽和 FDD 频率安排中的中心间隔这些因素，均会影响双工器的性能，具体如下：

（1）较大的双工间隔可带来上行链路和下行链路之间更好的隔离性能，降低自降敏的可能性；

（2）较大的双工器带宽降低了双工器整体性能，导致了更差的自降敏和 MS 到 MS 或 BS 到 BS 更高的干扰；

（3）FDD 频率安排中的较小的中心间隔可能导致 MS 到 MS 或 BS 到 BS 更高的干扰。

因此，在进行 FDD 频率安排方案分析时，需要综合考虑上述三个方面的因素，给出合理的频率安排方案。

在 FDD 系统中减少双工器的带宽，同时保持一个较大的双工间隔和总带宽的方法是采用双双工器，比如可以按照图 4-1 所示的方式来实现。

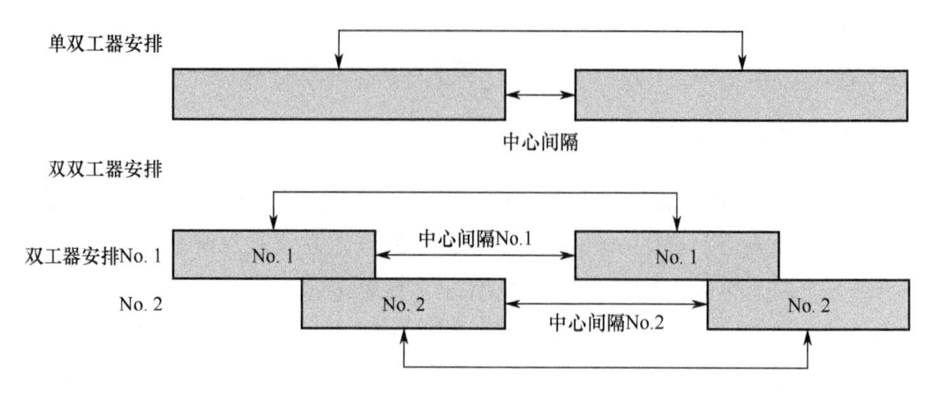

图 4-1　FDD 频率安排中的双工器安排

双工器安排 No.1 和 No.2 间固定的重叠可以使用普通的设备来满足部署的操作要求。当制订频段计划时，根据滤波器的设计来确定重叠部分的大小，重叠部分的大小可以与滤波器的设计一致。

由于相邻两双工器安排，下行（DL）和上行（UL）块之间的间隔可以小于单个双工器 FDD 安排中的双工间隔。这两个双工器的安排可以通过标准的过滤技术实现。这将最大限度地降低成本和设备的复杂性。

然而，DL 和 UL 块之间的小间隔将在终端产生额外的滤波要求，以避免 MS 到 MS 干扰。BS 到 BS 干扰可以通过使用常规技术的其他滤波方法来处理。

4．与邻频业务的保护要求

为防止对邻频业务造成有害干扰，需要在两侧考虑预留一定的保护带。

4.1.3　ITU 频率规划现状

根据已发布的 ITU-R M.1036-5 建议书可知，“《无线电规则》中为 IMT 确定的频段内实现国际移动通信（IMT）地面部分的频率安排”[7]，具体涉及 694～960 MHz、1 710～2 200 MHz、2 300～2 400 MHz、2 500～2 690 MHz 和 3 400～3 600 MHz 频段。

1．694～960 MHz

694～960 MHz 频段是广播电视信号的 UHF 频段，伴随模拟电视向数字电视的转换进程，地面电视广播对于频谱资源需求减少，大量 UHF“数字红利”频段可以被释放出来。表 4-1 给出了目前建议书中的 11 种频率方案。

表 4-1 694～960 MHz 频段内成对的频率安排

频率安排	成对的频率安排				不成对的频率安排（如针对 TDD）（MHz）
	移动台发射机（MHz）	中心间隔（MHz）	基站发射机（MHz）	双工间隔（MHz）	
A1	824～849	20	869～894	45	无
A2	880～915	10	925～960	45	无
A3	832～862	11	791～821	41	无
A4	698～716 776～793	12 13	728～746 746～763	30 30	716～728
A5	703～748	10	758～803	55	无
A6	无	无	无		698～806
A7	703～733	25	758～788	55	无
A8	698～703	50	753～758	55	无
A9	733～736	52	788～791	55	无
A10	外部	无	738～758	无	无
所有（与 A7 和 A10 协调）	703～733 外部	25 无	758～788 738～758	55 无	无

2. 1 710～2 200 MHz

表 4-2 给出了目前建议书中关于 1 710～2 200 MHz 频段 7 种频率方案。

表 4-2 1 710～2 200 MHz 频段内的频率安排

频率安排	成对的频率安排				不成对的频率安排（如针对 TDD）（MHz）
	移动台发射机（MHz）	中心间隔（MHz）	基站发射机（MHz）	双工间隔（MHz）	
B1	1 920～1 980	130	2 110～2 170	190	1 880～1 920； 2 010～2 025
B2	1 710～1 785	20	1 805～1 880	95	无
B3	1 850～1 920	10	1 930～2 000	80	1 920～1 930
B4（与 B1 和 B2 协调）	1 710～1 785 1 920～1 980	20 130	1 805～1 880 2 110～2 170	95 190	1 880～1 920 2 010～2 025

续表

频率安排	成对的频率安排				不成对的频率安排（如针对 TDD）（MHz）
	移动台发射机（MHz）	中心间隔（MHz）	基站发射机（MHz）	双工间隔（MHz）	
B5（与 B3 协调及与 B1 下行链路和 B2 上行链路协调）	1 850～1 920 1 710～1 780	10 330	1 930～2 000 2 110～2 180	80 400	1 920～1 930
B6	1 980～2 010	160	2 170～2 200	190	无
B7	2 000～2 020	160	2 180～2 200	180	无

3．2 300～2 400 MHz

目前 2 300～2 400 MHz 频段仅有一种 TDD 的规划方案，见表 4-3。

表 4-3　2 300～2 400 MHz 频段内的频率安排

频率安排	成对的频率安排				不成对的频率安排（如针对 TDD）（MHz）
	移动台发射机（MHz）	中心间隔（MHz）	基站发射机（MHz）	双工间隔（MHz）	
E1					2 300～2 400 TDD

4．2 500～2 690 MHz

ITU 对 2 500～2 690 MHz 频段的规划方案主要考虑 3 种安排，见表 4-4。

表 4-4　2 500～2 690 MHz 频段内的频率安排

频率安排	成对的频率安排					不成对的频率安排（如针对 TDD）（MHz）
	移动台发射机（MHz）	中心间隔（MHz）	基站发射机（MHz）	双工间隔（MHz）	中心间隔的用途	
C1	2 500～2 570	50	2 620～2 690	120	TDD	2 570～2 620 TDD
C2	2 500～2 570	50	2 620～2 690	120	FDD	2 570～2 620 FDD DL（外部）
C3	灵活的 FDD/TDD					

5．3 400～3 600 MHz

建议书中关于 3 400～3 600 MHz 频段的方案主要有 FDD 和 TDD 两种，具体见表 4-5。

表 4-5　3 400～3 600 MHz 频段内的频率安排

频率安排	成对的频率安排				不成对的频率安排（如针对 TDD）（MHz）
	移动台发射机（MHz）	中心间隔（MHz）	基站发射机（MHz）	双工间隔（MHz）	
F1					3 400～3 600
F2	3 410～3 490	20	3 510～3 590	100	无

4.1.4　正在开展研究的频段

每一轮 WRC 议题涉及新标识给 IMT 频率，都会开启对 ITU-R M.1036 建议书的修订。例如，在 WRC-15 会议上，新增的 470～694 MHz、1 427～1 518 MHz、3 300～3 400 MHz、3 600～3 700 MHz、4 800～4 990 MHz 频段的频率安排，正是目前 ITU-R WP5D 研究的重点。

1．470～694 MHz

在 WRC-15 会议上，包括美国、加拿大等在内的 7 个国家，将 470～694 MHz 频段标识为 IMT，并且在 WP5D 的研究中输入了该频段的频率安排，在目前的 M.1036-5 建议书的工作文档中，标识为 A12 方案，见表 4-6。

表 4-6　470～694 MHz 频段内的频率安排

频率安排	成对的频率安排				不成对的频率安排（如针对 TDD）（MHz）
	移动台发射机（MHz）	中心间隔（MHz）	基站发射机（MHz）	双工间隔（MHz）	
A12	663～698	11	617～652	46	无

2．1 427～1 518 MHz

1 427～1 518 MHz 频段是 WRC-15 会议上的重点频段，其中 1 427～1 452 MHz 和 1 492～1 518 MHz 两个频段共 51 MHz 频率是 WRC-15 会议上唯一的全球统一频谱。因此该频段规划方案的研究成为本轮 WP5D 建议书的焦点。从现阶段的输出情况来看，主要集中在以下 7 种方案，见表 4-7。

表 4-7 1 427～1 518 MHz 频段内的频率安排

频率安排	成对的频率安排				不成对的频率安排（如针对 TDD）（MHz）
	移动台发射机（MHz）	中心间隔（MHz）	基站发射机（MHz）	双工间隔（MHz）	
G1	外部		1 427～1 517		无
G2	1 427～1 470	5	1 475～1 518	48	无
G3					1 427～1 517
G4	外部		1 427～1 512		无
G5	1 427～1 467	8	1 475～1 515	48	无
G6	1 427～1 467	5	1 472～1 512	45	无
G7					1 427～1 512

3．3 300～3 400 MHz 和 3 600～3 700 MHz

3 300～3 400 MHz 频段是我国在 WRC-15 会议的支持频段，在国际上获得了广泛的支持，最终 46 个国家在《无线电规则》中以脚注 5.429B、5.429D、5.429F 方式标识确定用于 IMT。3 600～3 700 MHz 频段与 3 400～3 600 MHz 频段统称为扩展 C 频段，在 WRC-15 会议上共有 4 个国家对其新增了 IMT 标识。考虑到 3 300～3 400 MHz 和 3 600～3 700 MHz 与现有建议书中的 3 400～3 600 MHz 频段邻频，因此对于这两个频段的规划方案建议，主要基于现有的方案进行整合。截至目前，形成了 3 种方案建议，见表 4-8。

表 4-8 3 300～3 700 MHz 频段内的频率安排

频率安排	成对的频率安排				不成对的频率安排（如针对 TDD）（MHz）
	移动台发射机（MHz）	中心间隔（MHz）	基站发射机（MHz）	双工间隔（MHz）	
F1					3 400～3 600
F2	3 410～3 490	20	3 510～3 590	100	无
F3					3 300～ 3700

4．4 800～4 990 MHz

4 800～4 990 MHz 频段是我国在 WRC-15 会议上主推的频段之一，后因为邻国反对，未能在无线电规则中标识为 IMT 频率，但也推动了包括越南、老挝等在内的 4 个国家进行了标识。目前该频段的规划方案仅一种 TDD 的方式，见表 4-9。

表 4-9　4 800～4 990 MHz 频段内的频率安排

频率安排	成对的频率安排				不成对的频率安排（如针对 TDD）（MHz）
	移动台发射机（MHz）	中心间隔（MHz）	基站发射机（MHz）	双工间隔（MHz）	
H1					4 800～4 990

5. 450～470 MHz

450～470 MHz 频段早在 WRC-07 时就已经标识给 IMT，并且在已发布的 ITU-R M.1036-5 建议书中，已经完成 11 种频率规划方案。在 WRC-15 会议之后，新启动的关于 M.1036-5 建议书的修订中，又有相应的主权国家提出对现有 11 种方案的修订整合，并且依据目前 3GPP 标准化的情况对方案进行调整。基于现在的讨论情况，主要集中形成了 4 种方案，见表 4-10。

表 4-10　450～470 MHz 频段内的频率安排

频率安排	成对的频率安排				不成对的频率安排（如针对 TDD）（MHz）
	移动台发射机（MHz）	中心间隔（MHz）	基站发射机（MHz）	双工间隔（MHz）	
D8					450～470 TDD
D12	450.0～455.0	5.0	460.000～465.0	10	无
D13	451.0～456.0	5.0	461.000～466.0	10	无
D14	452.5～457.5	5.0	462.500～467.5	10	无

4.2　国内频率规划

国内 IMT 频率规划是由国家无线电管理机构负责制定或批准，并以文件的形式公布，规定工作频段、应用场景、技术制式和相应的约束条件。

4.2.1　规划原则

国内制定 IMT 频率规划方案主要遵循以下原则：

（1）尽量避免频率规划的零散性和 FDD/TDD 混合方案，降低保护带的开销，科学合理地利用频谱资源；

（2）最大限度地适应国际标准（包括 ITU 规划方案和 3GPP 标准化进展），以及市场发展需求，促进规模效应，降低设备制造成本，便于便携式终端实现全球漫游；

（3）需要考虑与现有业务系统间的电磁兼容问题，并最小化干扰风险；

（4）充分考虑设备厂家的实现能力，制定合理的保护过渡带以及相应的射频指标。

4.2.2 规划方式

4.2.2.1 频率规划方案

我国 IMT 频率规划由国家无线电管理机构负责制定或批准，并以文件的形式公布。如 2017 年 11 月发布的《工业和信息化部关于第五代移动通信系统使用 3 300～3 600 MHz 和 4 800～5 000 MHz 频段相关事宜的通知》（工信部无〔2017〕276 号）[8]：

为适应和促进第五代移动通信系统（以下简称 5G 系统）在我国的应用和发展，根据《中华人民共和国无线电频谱划分规定》[9]，结合我国频率使用的实际情况，现将 3 000～5 000 MHz 频段内 5G 系统频率使用事宜通知如下：

（1）规划 3 300～3 600 MHz 和 4 800～5 000 MHz 频段作为 5G 系统的工作频段，其中，3 300～3 400 MHz 频段原则上限室内使用。

（2）5G 系统使用上述工作频段，不得对同频段或邻频段内依法开展的射电天文业务及其他无线电业务产生有害干扰。

（3）自发文之日起，不再受理和审批以下新申请的频率使用许可：

① 3 400～4 200 MHz 和 4 800～5 000 MHz 频段内的地面固定业务频率；

② 3 400～3 700 MHz 频段内的空间无线电台业务频率；

③ 3 400～3 600 MHz 频段内的空间无线电台测控频率。

（4）上述工作频段内 5G 系统的频率使用许可，由国家无线电管理机构负责受理和审批，相关许可方案、设备射频技术指标和台站管理规定另行制定和发布。

4.2.2.2 设备射频指标制定、台站管理规定

关于设备射频技术指标、台站管理的问题，我国无线电管理机构会在具体分配运营商频谱前，发布文件规范设备的带外指标以及相应的台站管理要求，例如，2015 年 12 月发布的“工信部无〔2015〕80 号”公告[10]：

为保障我国 1 800 MHz、2 100 MHz 频段频分双工（FDD）方式和 1 900 MHz 频段时分双工（TDD）方式的国际移动通信（IMT）系统间的兼容共存，根据《工业和信息化部关于国际移动通信（IMT）频率规划事宜的通知》（工信部无〔2012〕436 号）[1]，结合频率分配和使用情况，工业和信息化部制定 1 800 MHz、1 900 MHz 和 2 100 MHz 频段 IMT 系统基站射频技术指标及台站设置要求。有关事项公告如下：

1. 适用范围

1 800 MHz、1 900 MHz 和 2 100 MHz 频段 IMT 系统宏基站，基站每通道的发射功率不小于 5 瓦特且总功率不小于 20 瓦特。

TDD 方式的 IMT 系统：1 885～1 915 MHz。

FDD 方式的 IMT 系统：1 710～1 785 MHz（上行）/1 805～1 880 MHz（下行），1 920～1 980 MHz（上行）/ 2 110～2 170 MHz（下行）。

2. 基站射频技术指标

上述频段 FDD 和 TDD 方式的 IMT 系统基站无用发射限值和基站接收机阻塞指标须分别符合相关要求，见表 4-11 和表 4-12。测试方法及其他射频技术指标参照相关文件或行业标准。

表 4-11 FDD 和 TDD 方式的 IMT 系统基站无用发射限值

系 统	无用发射频率范围	最大电平	测量带宽	检波方式	备 注
1 800 MHz 频段 FDD 方式的 IMT 系统	1 885～1 915 MHz	−65 dBm/通道	1 MHz	有效值	按厂家标称最大载波数满载波配置，高、中、低频点分别测试
1 900 MHz 频段 TDD 方式的 IMT 系统	1 920～1 980 MHz				

表 4-12　FDD 和 TDD 方式的 IMT 系统基站接收机阻塞指标

系　　统	基站接收频率范围	干扰平均功率	有用信号功率	干扰信号载波位置	干扰信号类型
1 800 MHz 频段 FDD 方式的 IMT 系统	1 710～1 785 MHz	−5 dBm	灵敏度+6 dB	1 792.5 MHz	5 MHz 同类型信号
1 900 MHz 频段 TDD 方式的 IMT 系统	1 885～1 915 MHz			1 877.5 MHz	
2 100 MHz 频段 FDD 方式的 IMT 系统	1 920～1 980 MHz			1 912.5 MHz	

3．台站设置要求

FDD 和 TDD 方式的 IMT 系统基站间耦合损耗不小于 50 dB。

4．台站管理要求

为预防设备老化造成射频技术指标下降，各运营商应对已建基站定期进行自检，以避免不同基站系统间产生有害干扰。已设台站运营商若发现其他运营商新设台站不符合相关要求，可向当地无线电管理机构反映，以便及时排查。

新设台站和无线电发射设备应符合本公告相关要求，本公告自发布之日起施行。

4.2.3　国内频率规划现状

我国开展 IMT 频率规划的依据，是该频段已经在《无线电规则》中用脚注方式明确标识可用于 IMT，具体情况见表 4-13。

表 4-13　中华人民共和国无线电频率划分规定中相关 IMT 脚注[11～15]

频段（MHz）	IMT 相关脚注	频段（MHz）	IMT 相关脚注
450～470	5.286AA CHN28	2 500～2 690	5.384A、CHN20
698～960	5.133A、5.317A、CHN28	3 300～3 400	CHN34
1 710～2 025	5.348A、5.388、5.388A	3 400～3 600	5.432B、5.433A、CHN28
2 110～2 200	5.388、5.388A	4 400～4 500	CHN35
2 300～2 400	5.384A、CHN28	4 800～5 000	CHN37

为了支持移动通信技术的发展，我国先后规划了 1 189 MHz 给地面公众移动通信系统 3G/4G/5G 使用，其中的 200 MHz 限于室内应用。

2002 年，我国发布 3G（IMT-2000）频率规划《关于第三代公众移动通信系统频率规划问题的通知》（工信部无〔2002〕479 号），规定主要工作频段的 FDD 方式为 1 920～1 980 MHz/2 110～2 170 MHz，TDD 方式为 1 880～1 920 MHz、2 010～2 025 MHz；补充工作频谱的 FDD 方式为 1 755～1 785 MHz/1 850～1 880 MHz，TDD 方式为 2 300～2 400 MHz，与无线电定位业务共用。同时将原已规划为公众移动通信系统的 825～835 MHz/870～880 MHz、885～915 MHz/930～960 MHz 和 1 710～1 755 MHz/1 805～1 850 MHz 频段规划给第三代公众移动通信系统。

2012 年，我国发布 4G（IMT）频率规划《关于国际移动通信（IMT）系统频率规划事宜的通知》（工信部无〔2012〕436 号），将原有"工信部无〔2002〕479 号"文件中规划的 3G 频率统一调整为 IMT 系统工作频率，对应的时分双工和频分双工方式不变。同时新增 2 500～2 690 MHz、2 300～2 400 MHz 规划为 TDD 方式的 IMT 系统频率。自此，我国频率使用不再区分 3G、4G，都属于 IMT 范畴。

2017 年年底，我国发布 5G（IMT-2020）频率规划《于第五代移动通信系统使用 3 300～3 600 MHz 和 4 800～5 000 MHz 频段相关事宜的通知》（工信部无〔2017〕276 号），规划 3 300～3 600 MHz 和 4 800～5 000 MHz 频段作为 5G 系统的工作频段，其中，3 300～3 400 MHz 频段原则上限室内使用。

我国各频段的具体规划方案，见表 4-14。

表 4-14　我国地面公众移动通信系统频率规划方案

标称频段	FDD 频率安排		TDD 频率安排（MHz）	频率总量（MHz）	备　注
	移动台发射机（MHz）	基站发射机（MHz）			
800 MHz	824～835	870～880	—	22	
900 MHz	889～915	934～960	—	52	
1 800 MHz	1 710～1 785	1 805～1 880	—	150	
1 900 MHz	—	—	1 880～1 915	35	
2 010 MHz	—	—	—	15	
2 100 MHz	1 920～1 980	2 110～2 170	—	120	

续表

标称频段	FDD 频率安排		TDD 频率安排（MHz）	频率总量（MHz）	备　注
	移动台发射机（MHz）	基站发射机（MHz）			
2 300 MHz	—	—	2 300～2 400	100	限于室内
2 600 MHz	—	—	2 500～2 690	100	
3 300 MHz	—	—	3 300～3 400	100	限于室内
3 500 MHz	—	—	3 400～3 600	200	
4 900 MHz	—	—	4 800～5 000	200	

同时，为了更好地实现多系统的邻频共存，我国无线电管理机构对部分频段的设备射频技术指标进行了额外的要求，涉及 800 MHz CDMA 与 900 MHz GSM、1.8 GHz IMT FDD 与 1.9 GHz IMT TDD，2.1 GHz IMT FDD 与 1.9 GHz IMT TDD、邻频 MSS，2.6 GHz IMT TDD 与相邻卫星无线电测定（空对地）、无线电定位业务，3.5 GHz 频段 IMT TDD 与相邻卫星固定业务（空对地），部分频段的具体情况见表 4-15 和表 4-16。

表 4-15　FDD 和 TDD 方式的 IMT/IMT-2020 系统基站无用发射限值

系　统	无用发射频率范围（MHz）	最 大 电 平	测量带宽	检波方式
1 800 MHz 附近频段 FDD 方式的 IMT 系统	1 885～1 915	−65 dBm/通道	1 MHz	有效值
1 900 MHz 附近频段 TDD 方式的 IMT 系统	1 920～1 980			
2 100 MHz 附近频段 FDD 方式的 IMT 系统	2 170～2 200	−65 dBm/通道	1 MHz	有效值
2 600 MHz 附近频段 TDD 方式的 IMT 系统	2 483.5～2 500 2 700～2 900			
3 500 MHz 附近频段 TDD 方式的 IMT-2020 系统	3 650～3 700	小于 (−26−10×lg10(*N*))dBm（每端口） 小于−26 dBm（TRP）	1 MHz	有效值
	3 700～4 200	小于 (−47−10×lg10(*N*))dBm（每端口） 小于−47 dBm（TRP）	1 MHz	有效值

表 4-16 FDD 和 TDD 方式的 IMT 系统基站接收机阻塞指标值

系　统	基站接收频率范围	干扰平均功率	有用信号功率	干扰信号载波位置	干扰信号类型
1 800 MHz 附近频段 FDD 方式的 IMT 系统	1 710～1 785 MHz	−5 dBm	灵敏度+6 dB	1 792.5 MHz	5 MHz 同类型信号
1 900 MHz 附近频段 TDD 方式的 IMT 系统	1 885～1 915 MHz			1 877.5 MHz	
2 100 MHz 附近频段 FDD 方式的 IMT 系统	1 920～1 980 MHz			1 912.5 MHz	
2 600 MHz 附近频段 TDD 方式的 IMT 系统	2 530～2 685 MHz			2 702.5 MHz	

4.2.4 未规划候选频段

在 2007 年世界无线电通信大会（WRC-07）上，450～470 MHz 和 698～806 MHz 频段以全球标识或国家脚注的形式确定用于 IMT，我国加入这些频段的 IMT 标识但目前尚未完成国内频谱规划。

1. 450～470 MHz 频段

WRC-07 将此频段以全球标识的形式确定用于 IMT。我国在该频段内既规划了农村模拟无线接入系统频谱（如西藏 CDMA450 系统），也规划了专用通信频谱，用于铁路、公安等部门专用通信和一些企事业单位的指挥调度系统，以及一些应急通信系统。近年来，工业和信息化部已颁布文件停止对含有 450～470 MHz 频段的无线电发射设备的型号核准，并启动了新的频谱规划研究工作。

IMT 运营商提出了使用该频段改善乡镇及农村等地区的移动宽带覆盖问题的诉求，同时铁路部门也提出了使用该频段建设铁路专用宽带移动通信系统（LTE-R）的频谱需求，国内已完成相关的共存研究工作，并提出了该频段的频率规划方案[11]，同时兼顾 IMT 公网与铁路专网的诉求。450～470 MHz 频段的潜在频率规划方案如图 4-2 所示。

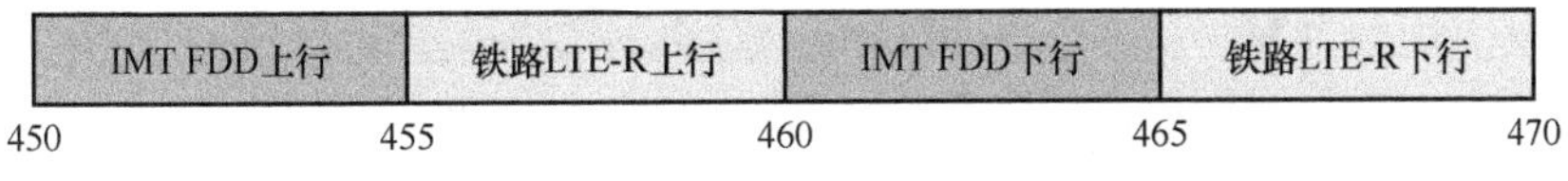

IMT FDD上行	铁路LTE-R上行	IMT FDD下行	铁路LTE-R下行

450　455　460　465　470

图 4-2　450～470 MHz 频段的潜在频率规划方案

2．698～806 MHz 频段

世界范围内，该频段主要用于广播电视业务，随着全球广播电视模拟向数字转换进程的推进，大量“数字红利”频段获得释放。在 WRC-07 上，790～806 MHz 以三区区域脚注标识的形式确定用于 IMT；同时，包括中国在内的部分国家以脚注形式将 698～790 MHz 确定用于 IMT。WRC-15 之后，698～806 MHz 在一区、二区成为区域 IMT 标识频段，三区总计有 26 个国家加入脚注。

尽管此频段已成为国际主流 IMT 频段，我国面对 700 MHz“数字红利”的决策步伐还有待加快，迫切需要国家从宏观层面考虑进行产业间的协调。该频段若规划用于 IMT，主要考虑 ITU-R 建议书中的 A5 FDD 以及 A6 TDD 方案，对应的是 3GPP 的 B28 以及 B44 方案，见表 4-17。

表 4-17　698～806 MHz 频段规划方案

频段号	上　行	下　行	双工方式
B28	703～748 MHz	758～803 MHz	FDD
B44	703～803 MHz		TDD

从产业形势来看，B28 全 FDD 方案是目前全球主流的 700 MHz 规划方案，该频段目前在 TDD 产业应用中较少。

3．4 400～4 500 MHz

除了上述的 450～470 MHz 和 698～806 MHz 频段在《无线电规则》[16]中已经标识给 IMT 使用，还有 4 400～4 500 MHz 频段。该频段是我国在 WRC-15 上的支持频段，在国际上获得了支持，虽然邻国反对原则未能获得标识，但日本表示希望在后续实际应用中可以使用。在我国，该频段的现有主要业务是大容量微波接力干线网络。目前，大容量微波接力干线已经逐渐被光纤替代，我国登记的该频段的台站数目较少，并且全国范围内的频谱占用度较低。

目前该频段重点需要考虑的就是与邻频 4 200～4 400 MHz 频段的航空无线电导航的共存问题，IMT-2020 频谱工作组正在开展相关的兼容性分析，探讨该频段的规划方案。从整个 3～6 GHz 频段的规划方案来看，TDD 方案更加适合发挥 Massive MIMO 的优势，是目前主流的规划方案，因此在国内更可能采用 4 400～4 500 MHz 全 TDD 的方案。

4.3 小结

IMT频率规划主要目的就是为移动通信产业的可持续发展营造积极有效的监管环境和规则框架，并在此框架下，追求全球或区域范围内尽量协调一致的方案，以实现更大的规模效应，降低IMT网络和终端的成本，以及国际漫游和边境协调的难度。协调一致的方案尤其对于中、小国家的无线电管理机构有很大的吸引力，如果其IMT频率规划方案与全球主流不一致，将要求IMT产业为其独特的频率规划方案进行设备研发，由于其人口和市场有限，必将提升其网络和终端部署成本。对于IMT产业界，其诉求也不尽相同。对于主设备和终端厂家，规划方案越少，其设备和终端的研发成本将降低，一套设备或终端就可以卖给全球用户。而对于运营商，更多考虑的是国际漫游的便利性，以及产业链优势带来的成本优势。总的来说，推动全球或区域协调一致的规划方案，是各国无线电管理机构及IMT产业界积极参加ITU及区域电信组织的核心目标。

从国内的规划来看，规划方案需要统筹考虑运营商需求、设备实现能力以及与现有邻频业务的兼容性问题。规划方案的讨论，是目前国内运营商、厂商均重点参与并关注的重要事项。

参考文献

[1] 工业和信息化部. 关于国际移动通信系统（IMT）频率规划事宜的通知[S]. 工信部无〔2012〕436号.

[2] 工业和信息化部. 关于分配中国移动通信集团公司 LTE/第四代数字蜂窝移动通信系统（TD-LTE）频率资源的批复[S]. 工信部无函〔2013〕517号.

[3] 工业和信息化部. 关于分配中国电信集团公司 LTE/第四代数字蜂窝移动通信系统（TD-LTE）频率资源的批复[S]. 工信部无函〔2013〕518号.

[4] 工业和信息化部. 关于分配中国联合网络通信集团有限公司 LTE/第四代数字蜂窝移动通信系统（TD-LTE）频率资源的批复[S]. 工信部无函〔2013〕519号.

[5] 工业和信息化部. 关于中国联合网络通信集团有限公司 LTE/第四代数字蜂窝移动通信

混合组网中 LTE FDD 系统使用频率的批复[S]. 工信部无函〔2015〕135 号.

[6] 工业和信息化部. 关于中国电信集团公司 LTE/第四代数字蜂窝移动通信混合组网中 LTE FDD 系统使用频率的批复[S]. 工信部无函〔2015〕136 号.

[7] ITU-R M. 1036-5 建议书<无线电规则>中为 IMT 确定的频段内实现国际移动通信（IMT）地面部分的频率安排[R]. 2015-10.

[8] 工业和信息化部. 关于第五代移动通信系统使用 3 300～3 600 MHz 和 4 800～5 000 MHz 频段相关事宜的通知[S]. 工信部无〔2017〕276 号.

[9] 工业和信息部. 中华人民共和国无线电频率划分规定[EB/OL].（2018）[2019-12-11]. http://www.miit.gov.cn/n1146295/n1146592/n3917132/n4061504/c6140002/content.html.

[10] 工业和信息化部. 2015 年第 80 号公告[S]. 2015.

[11] 工业和信息化部. 关于第三代公众移动通信系统频率规划问题的通知[S]. 工信部无〔2002〕479 号.

[12] CCSA TC5 WG8, 2008B42. 450～470 MHz 频段规划研究[S]. 中国通信标准化协会，2015.

[13] CCSA TC5 WG8, 2016B60. 4 400～4 500 MHz 频段规划研究[S]. 中国通信标准化协会，2017.

[14] CCSA TC5 WG8, 2017B43. 5G 系统高频段研究：24.5～30 GHz[S]. 中国通信标准化协会，2018.

[15] CCSA TC5 WG8, 2017B44. 5G 系统高频段研究：30～43.5 GHz[S]. 中国通信标准化协会，2018.

[16] ITU Radio Regulations edition of 2015[EB/OL]. 2015-12[2019-12-11]. http://www. itu.int.

第5章 IMT 频率分配

无线电频谱是移动通信运营商赖以生存的基础资源，拥有了频谱即拥有了开展网络和业务部署的基础，因此主流运营商均将争夺频谱作为重要的工作之一。但是，无线电频谱属于不可再生的有限资源，各国均有相应的无线电管理机构负责无线电频率的分配，协调各业务之间及相同业务不同实体之间的用频需求。例如，我国《无线电管理条例》中规定："无线电频谱资源属于国家所有。国家对无线电频谱资源实行统一规划、合理开发、有偿使用的原则。"

当某一段频率被规划为 IMT 频率之后，还不能直接用于网络建设，需要确定哪些用频单位使用该频率，以及频率的使用条件、授权期限、可开展的业务及技术体制、频率占用费等，这一过程就是频率分配。由于各国无线电通信业务发展的状况、运营格局、市场开放程度、经济文化和法律制度等的不同，目前主要的 IMT 频率分配方式有政府直接指配、拍卖和招标/评选等几种方式。

本章主要介绍 IMT 频率分配的方式。

5.1 频率指配

频率指配是最早的无线电频率分配方式，是由无线电管理机构将频率直接指配给运营商或用频单位，确定每个用频单位的频率区间和业务类型，允许其在规定的条件下和期限内使用该频率。由无线电管理机构直接指配频率具有高效、成本低、时间短的优点，因此目前仍有许多国家采用该方式进行 IMT 频率分配，我国的第 2 代到第 4 代 IMT 业务就采用了该分配方法。

下面以中国联通 3G 频率许可批复（工信部无函〔2009〕12 号）为例进行

介绍。

（1）在“分配 1 940～1 955 MHz（终端发）/ 2 130～2 145 MHz（基站发），总计 30 MHz，作为你公司第三代公众移动通信系统全国范围使用频率”中，确定了中国联通开展 IMT 业务具体的收发频率和带宽，并明确了在该频率上开展的业务（第三代公众移动通信）和使用范围（全国范围）。需要注意的是，我国频率指配中明确了 IMT 的技术体制，如果需要重耕频率用于更新的技术体制，需要再次向主管机构提出申请，并确定新的使用条件。

（2）在“使用上述频率时，第三代公众移动通信无线电发射设备的各项射频参数技术指标须符合国家的有关标准和规定”中，明确了该频率的收、发射频指标需要符合相关文件。

（3）“设置基站，须遵守国家有关基站设置使用管理规定”等文字则规定了网络建设时需要遵守的相关法规。

（4）在“上述频率使用有效期至 2018 年 12 月 31 日止。到期若继续使用，须提前 30 个工作日提出申请”中，明确了频率的授权期限，及频率到期后的申请期限。

无线电管理机构直接指配可以根据运营商的经济实力设定合适的频谱占用费，甚至设定网络投资和覆盖的指标。根据《国家发展改革委　财政部关于降低电信网码号资源占用费等部分行政事业性收费标准的通知》[1]，我国 IMT 无线电频率占用费规定见表 5-1。

表 5-1　我国 IMT 无线电频率占用费规定

频 率 范 围	使 用 范 围		
	全国范围	省级范围	市（地、州）范围
960 MHz 以下	1 600 万元/兆赫/年	160 万元/兆赫/年	16 万元/兆赫/年
960～2 300 MHz	1 400 万元/兆赫/年	140 万元/兆赫/年	14 万元/兆赫/年
2 300 MHz 以上	800 万元/兆赫/年	80 万元/兆赫/年	8 万元/兆赫/年

5.2 频谱拍卖

频谱拍卖是由无线电管理机构规划某一频段，对外进行公开拍卖，以公开竞价或密封报价的方式将该频段的使用权转让给最高应价者。目前，频谱拍卖是欧美国家中比较主流的 IMT 频率分配方式。频谱拍卖中，无线电管理机构通常会给定频率的授权期限、频谱拍卖后规定时间内的网络发展要求、保留价格、频谱标的大小等，运营商根据自身的运营需求决定是否参与。

长期以来，全球的拍卖机构中主要有 4 种拍卖机制：第一价格密封拍卖、第二价格密封拍卖、增价拍卖和降价拍卖。

第一价格密封拍卖中，竞拍者提交密封报价，不知道其他人的报价。买方出价是同时性的，拍卖者在规定的时间、地点宣布标价，出价最高者以其出价获取拍卖品。

第二价格密封拍卖中，竞拍者同样以密封的形式独立出价，拍卖品也出售给出价最高的竞争者。但是获胜者支付的是所有投标价格中的第二高价。

增价拍卖是一种价格上行的拍卖方式，也是最为常见的一种拍卖方式。拍卖人宣布拍卖标的物的起价及最低增幅，竞拍者以起价为起点，按约定的增幅竞相出价，直到只剩最后一个报价者。

降价拍卖是一种价格下行的拍卖方式。在拍卖过程中，拍卖者宣布拍卖标的物的起价和降幅，并依次竞价，第一位应价人举牌成交，但成交价不得低于保留价。美国在 600 MHz 频率的拍卖中首次将降价拍卖的方法应用到频谱拍卖中。

在无线电频谱拍卖过程中，根据上述拍卖的基本类型，逐步发展起来的拍卖类型见表 5-2。

表 5-2　无线电频谱拍卖的基本类型

价格维度	第一价格拍卖
	第二价格拍卖
空间维度	公开拍卖
	密封式拍卖
时间维度	同步拍卖
	相继拍卖
方向维度	增价拍卖
	降价拍卖

设计较好的频谱拍卖可以带来更高的社会价值，但是相应地，设计不好的频谱拍卖将会增加网络部署成本，甚至流拍而导致新技术部署的推迟①。

我国也开始逐步探索市场化配置 IMT 频率的方式方法。在 2016 年年底修订生效后的《中华人民共和国无线电管理条例》中，规定公共移动通信使用频率可以招标、拍卖的方式进行出售，这意味着未来的频率分配很可能采用频谱拍卖的方式，此举将打破我国无线电管理上一直沿用的无线电管理机构行政审批的分配制度。

5.3 频谱招标/评选

频谱招标/评选是由无线电管理机构组织相关领域的专家组成评审委员会，对申请者的资格、经济实力、技术支撑、网络运营经验、服务状况等情况进行综合评审后，确定获得频率或执照的最佳对象，并收取相应的费用。通常，频谱招标/评选的方法和标准由无线电管理机构制定。相比频谱拍卖，招标/评选的速度更快，芬兰和瑞典等国家的 3G 频率分配中就采用了招标/评选的方式：无线电管理机构考虑到通信运营商需要跨国服务，为了提升其服务竞争力，在国内外更快更好地开展业务，因此快速地发放了频谱牌照[2]。

2001—2003 年，我国无线电管理机构在部分城市两次开展了 3.5 GHz 频段地面固定无线接入系统使用频率的评选（招标）试点工作，这是我国无线电管理机构采用市场化机制来优化和配置商用频谱资源的尝试。

分配的 3.5 GHz 频谱上行（终端站发射）频段为 3 399.50～3 431.00 MHz，下行（基站发射）频段为 3 499.50～3 531.00 MHz，上、下行收发频率间隔为 100 MHz。可配置的信道间隔分别为 1.75 MHz、3.5 MHz、7 MHz、14 MHz。2001 年 6 月，3.5 GHz 频段地面固定无线接入系统的招标中，国有运营商、其他运营商和互联网服务提供商等公司参与了应标。在南京、厦门、武汉、青岛和重庆 5 个城市中进行试点，在每个城市内将 31.5 MHz 频率划分为 7 MHz、10.5 MHz 和 14 MHz 三个标段，共计 15 个标，每个运营商在同一城市最多可获得 1 个标段。2002 年年底至 2003 年年初，原信息产业部在全国 32 个城市进

① 具体内容参见本书第 6 章。

行了 3.5 GHz 频率使用权的第二次招标扩大试点工作，中国铁通、中国卫通、中国网通、中国联通、中国电信、中电华通、厦门金桥、中国移动和中信网络共 9 家企业获得了频率使用权，并获准经营相应的电信业务。2004 年 3 月，主管部门在 27 个省 300 多个城市开启了第三期招标，中国电信、中国网通、中国移动、中国联通和中国铁通获得了频率使用权。

此次招标是中国市场化操作分配频谱资源的首次探索，打破了一直沿用的行政审批方式。但 3.5 GHz 固定无线接入系统需要形成规模经济，用频单位才会有投资建网的积极性。然而单个城市频率平均分配给三家运营商后，每家可用的频率只有 10.5 MHz，客户容量也仅为几千户。这对于非传统运营商来说，无法产生规模经济。

5.4 频率重分配

频率分配时确定了该频段的使用期限，使用期限到期时，现有的运营商在该频段上已部署了大量网络，因此在频率的授权期限到期后的频率重分配将直接影响现有运营商的利益，并继而影响运营商争取频率使用权的积极性。通常来说频率重分配也采用指配、拍卖和招标/评选的方式，但是在具体操作时常用以下 3 种方法。

1. 全部如期续约

在频率使用期限到期时，将原有频率如期续约给原有运营商，如此前我国 2G、3G 频率到期时，均根据运营商的需求，继续分配给了原有运营商。该方式的缺点是，如果该频率为拍卖所得，直接续约对于其他运营商，特别是新进入的运营商不公平，不利于市场竞争。

2. 全部重新拍卖

在频率使用期限到期后，直接将全部的频率使用权拿出来重新拍卖，没有顾及运营商的长期网络投资，而现有运营商考虑到自身已付出的投资，在拍卖中会尽力出价保有现有频率，而过高的频率占用费，不利于运营商建设网络，会影响网络和业务的发展①。

3．保证部分频率续约

2013 年，我国香港 2.1 GHz 附近频段到期时，将 4 张牌照给了原有第一优先权者，剩余 2 张牌照拿出来拍卖。新西兰无线电管理机构 RSM 在进行 800/900 MHz 的重分配时，向频率占用的运营商（电信和沃达丰）保证了部分频率续约，但同时给了运营商两个选择：各卖 2×5 MHz 给第三运营商；各卖 2×7.5 MHz 给第三运营商。在完成重分配之后，三家运营商的市场份额均比较恰当，第三运营商的市场份额约为 24%。在这样的操作下，原有运营商可以继续使用部分原有频谱，保证能够继续收到网络投资的回报，同时也引入了新的运营商，促进了整个行业的良性竞争。

5.5 国内 IMT 频率分配现状

国内目前现有规划 IMT 频率 1 189 MHz，已分配频率 949 MHz，剩余 240 MHz 频率未分配（含保护带），我国 IMT 频率的规划和分配现状（截至 2019 年 12 月 31 日）如图 5-1 所示，其中：

（1）3 300～3 600 MHz 和 4 800～5 000 MHz 为 5G 系统使用频段规划[3]。

（2）2018 年 12 月和 2019 年 12 月，工业和信息化部分别给国内四大运营商分配了相应的 5G 试验频率[4~6]。

（3）2 300～2 400 MHz 和 3 300-3 400 MHz 原则上只能用于室内。

（4）1 880～1 885 MHz 和 1 915～1 920 MHz 为 TDD 和 FDD 频率间的保护带，其中 1 880～1 885 MHz 需要中国移动腾退 5 MHz 的 TD 现网频率。

① 具体内容参见本书第 7 章。

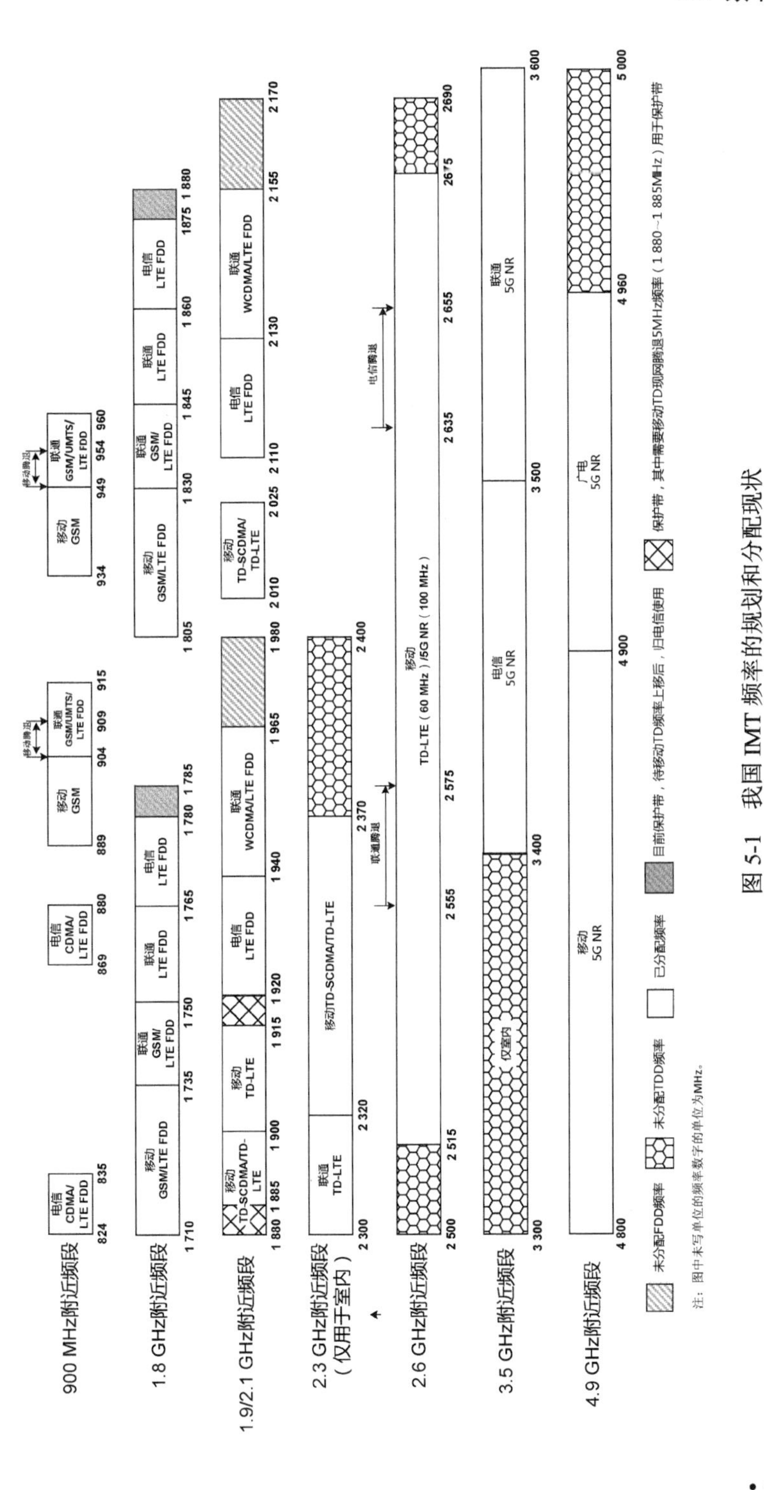

注：图中未写单位的频率数字的单位为MHz。

图 5-1　我国 IMT 频率的规划和分配现状

5.6 小结

由无线电管理机构直接指配频率和频谱拍卖是 IMT 频率分配的两种主要方式，招标/评选是在拍卖的基础上衍生的方法，其中频谱拍卖和招标/评选属于市场化的频率分配方式。在频率分配过程中，无线电管理机构确定使用频率的用频单位、频率范围、开展业务、用频条件、使用期限、频率占用费标准等因素。完成频率分配过程后，用频单位才能够开始开展网络建设。在频率的授权期限到期的重分配过程中，主管机构需要考虑原有运营商的长远投资及建网积极性，为原有运营商保留部分频率。

参考文献

[1] 国家发展改革委，财政部. 关于降低电信网码号资源占用费等部分行政事业性收费标准的通知[S]. 发改价格〔2017〕1186 号.

[2] 尹华川，万晓榆，张炎. 中国无线电频谱拍卖机制研究[M]. 北京：科学出版社，2016：23-24.

[3] 工业和信息化部. 关于第五代移动通信系统使用 3 300～3 600 MHz 和 4 800～5 000 MHz 频段相关事宜的通知[S]. 工信部无〔2017〕276 号.

[4] 工业和信息化部. 关于同意中国移动通信集团有限公司使用 2 600 MHz 和 4 800 MHz 频段用于第五代移动通信系统试验的批复[S]. 工信部无函〔2018〕440 号.

[5] 工业和信息化部. 关于同意中国联合网络通信集团有限公司使用 3 500～3 600 MHz 频率用于第五代移动通信系统试验的批复[S]. 工信部无函〔2018〕441 号.

[6] 工业和信息化部. 关于同意中国电信集团有限公司使用 3 400～3 500 MHz 频率用于第五代移动通信系统试验的批复[S]. 工信部无函〔2018〕442 号.

[7] 工业和信息化部. 关于同意中国广播电视网络有限公司使用 4 900～4 960 MHz 频率开展第五代移动通信系统试验的批复[S]. 工信部无函〔2019〕353 号.

第 6 章 IMT 频谱拍卖

自美国 1994 年进行第一次频谱拍卖后，频谱拍卖已逐渐成为目前 IMT 频率分配的主流形式之一，美国、欧洲、非洲很多国家及地区均采用了拍卖的方式对 3G、4G 网络的频率进行分配。在近 20 年的发展过程中，频谱拍卖中已呈现出了一些较为明显的现象与规律，如“赢者诅咒”等现象，频谱拍卖价格与授权年限、网络及业务发展的因素之间的规律。

本章主要介绍 IMT 频谱拍卖的发展、频谱拍卖中的现象与规律，并对频谱拍卖价格进行评估，分析影响频谱拍卖价格的因素。

6.1 IMT 频谱拍卖的发展

IMT 频谱拍卖可分为三个发展阶段[1]，分别为探索阶段、发展阶段和主流阶段。

1. 探索阶段（1990—1999 年）

1990 年新西兰进行了全球首次无线电频谱拍卖，但是由于没有设置拍卖底价而导致拍卖结果不理想。美国于 1993 年在《综合预算和解法案》中确定美国联邦通信委员会（FCC）拥有举办无线电频谱拍卖的法定职权。此后，FCC 在 1994 年和 1997 年分别举行了两次拍卖，其中 1997 年的拍卖收入大幅缩水。这一阶段全球范围内主要进行了 4 次频谱拍卖，但是由于拍卖机制或竞价制度设计不当，成功经验并不多。

2. 发展阶段（2000—2007 年）

这一阶段的经验主要是欧洲的 3G 频谱牌照拍卖，特别是英国的。英国于

2000 年拍卖 3G 频谱牌照，无线电管理机构规划了 5 组 3G 频谱拍卖，其中一组专供新运营商拍卖，最终拍卖收入高达 225 亿英镑。随后荷兰、瑞士、德国、奥地利、意大利相继进行了 3G 频谱牌照拍卖，德国拍卖总价再创新高。在欧洲 3G 频谱牌照的拍卖中，没有出现因为规则设计不当而导致频谱被贱卖的情况，但出现了“赢者诅咒”的现象，部分频谱获得者陷入了 3G 的经营困境。

3．主流阶段（2008 年至今）

自 2008 年以来，在以频谱拍卖为主流的频率分配方式的国家中，无线电频谱拍卖在规则设计中出现重大问题的概率较小，无线电管理机构也开始考虑运营商获得频谱后的运营压力。如 2008 年英国在 10～40 GHz 频率的拍卖中，主管机构有意压低拍卖金额，最后向运营商送出了隐性补贴。同时，具有经验的运营商也吸取了 3G 频谱拍卖的教训，对频谱价格的估计更加理性。

6.2　全球主要国家无线电频谱拍卖典型案例

6.2.1　美国无线电频谱拍卖

美国在频率分配模式上曾使用过评审模式、抽签模式和行政审批模式等。1993 年，美国国会以《综合预算和解法案》作为通信法案增加条款的方式，授权联邦通信委员会（FCC）对一部分用于无线通信服务的频率许可进行拍卖。

1994 年，美国首次进行同时多回合拍卖（SAA），至今 FCC 已经成功地举行了百余次频谱拍卖。根据每次拍卖不同的设计，以及参与拍卖的人数和牌照数量的差异，每一次拍卖持续的时间会有所不同，短则一天结束，长则可以持续数周，每轮竞价一般平均持续一到两小时。拍卖一般在周一至周五举行，并且完全电子化拍卖，即有资格的竞拍人可以在任何地方，通过登录自动拍卖系统，然后连接网络进行在线竞拍，以及查询每轮拍卖结果等。

美国采用频谱牌照区域化的方式，一张许可证覆盖地区包括小地区、大区域甚至全国。地区覆盖的许可通常有：基本贸易区（BTAS），相当于市区；主要贸易区（MTAS）与基本贸易区的组合，美国分成 51 个地理上近似的贸易区域；美国商务部用于经济预测的大都市统计区域（MSAS）；手机市场区域

（CMAS）；农村服务区域（RSAS）。

2016 年，美国 FCC 开始进行 600 MHz 频率的拍卖。本次拍卖首次采用了“混合时钟”式的双向激励拍卖。经过四轮拍卖后，在广电方做出巨大让步的情况下，拍卖终于接近落槌。最终拍卖的频率由第一轮的 2×50 MHz（加保护双工间隔共 126 MHz）降为 2×35 MHz。此次拍卖的总额为 198 亿美元，远低于 2015 年 1 月 AWS-3 频段的频率高达 450 亿美元的拍卖结果。

6.2.2 英国 4G 频谱拍卖

英国 4G 频谱拍卖采用“混合时钟”的拍卖形式，主要步骤与规则如图 6-1 所示。

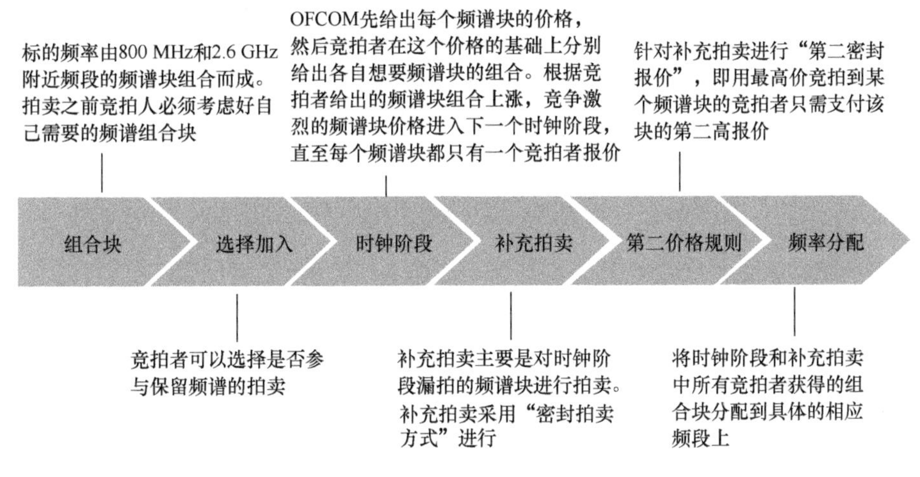

图 6-1　英国 4G 频谱拍卖步骤与规则

值得注意的是，英国在设置 4G 频谱拍卖规则时，从保留价格、竞标频谱上限的设置，以及选择的“混合时钟”拍卖方式和补充拍卖中的“第二密封报价”机制都不是把价格因素作为第一目标的设置，从而避免了 3G 频谱拍卖时出现“赢者诅咒”的现象。

6.2.3 法国频谱拍卖

2015 年，法国 700 MHz 附近频段共拍卖频率 2×30 MHz，每 2×5 MHz 分

为一个标段，共分成了 6 个标段，并按标段进行分频段的竞拍。设定的拍卖底价是每 2×5 MHz 4.16 亿欧元（约合 30.36 亿元人民币），单一企业最多可获得 3 个标段，即 2×15 MHz。为期 2 天的 11 轮竞价结束后，共 4 家运营商竞标成功，共拍得 27.96 亿欧元（约 204.1 亿元人民币），超出底价 12%，约 3.4 亿元/兆赫。按使用期限 20 年估算，每兆赫兹频谱每年所交频谱费用约 1 700 万元。

6.2.4 德国频谱拍卖

2010 年 5 月，德国第一阶段“数字红利”800 MHz 附近频段 2×30 MHz 的频率进行拍卖，每 2×5 MHz 带宽分为一个标段，共分成了 6 个标段，并按标段进行分波段的竞拍。最终，西班牙电信 O2、德国电信（T-Mobile）、沃达丰 D2 分别成功中标 2 个标段，共拍得 35.77 亿欧元（约 261.1 亿元人民币），约 4.35 亿元/兆赫。按使用期限 20 年估算，每兆赫兹频谱每年所交频谱费用约 2176 万元。2015 年 6 月，德国第二阶段“数字红利”700 MHz 附近频段 2×30 Mz 的频率进行拍卖，规则同第一阶段。最终共 3 家运营商（同第一阶段）分别中标 2 个标段，共拍得 10 亿欧元（约 73 亿元人民币），约 1.22 亿元/兆赫。按使用期限 20 年估算，每兆赫兹频谱每年所交频谱费用约 608.3 万元。

此次拍卖的部分频谱及拍得的公司如图 6-2 所示。

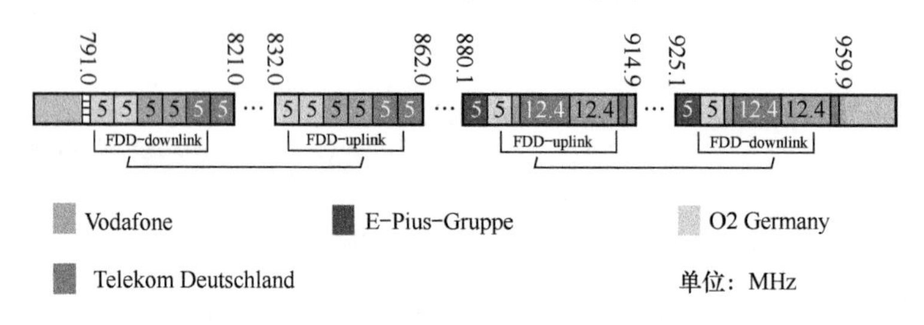

图 6-2　德国 4G 拍卖 800 MHz 附近频段结果

800 MHz 附近频段的拍卖是在德国 LTE 正式商用部署前举办的，而且还是首个以空白频段为对象进行的拍卖，因此竞拍较为激烈，800 MHz 附近频段最终以极高价格成交。此次 4G 拍卖虽在金额上和 2000 年进行 3G 频谱分配所得的收入差异较大，但考虑 2000 年的 3G 拍卖对电信市场的负面影响以及之后产生的电信泡沫，此次拍卖属于对电信市场的真实反映。从目前的发展情况来看，此次频谱拍卖比较成功。

2015年，700 MHz附近频段的拍卖的价格，已明显降低了。

6.2.5 澳大利亚频谱拍卖

在1994年到2003年间，澳大利亚的频谱拍卖，包括第三代移动通信（3G）以及低功率开放式窄频（Low Power Open Narrowcasting，LPON）等频谱拍卖，采取传统的“公开喊价”拍卖，以及由美国FCC所发展的“同时多回合拍卖”。通过澳大利亚与海外的经验，澳大利亚通信与媒体管理局（Australian Communications and Media Authority，ACMA）认为“同时多回合拍卖”是最适合的频率分配方式。

对于澳大利亚的频率分配来说，此种分配形式最吸引人的地方在于，竞标者能依据自己所具有的科技与需求，自行排列适合的频谱。同时，允许竞标者根据自己的需求，在拍卖过程中改变其竞标策略，并且能让频率的市场价值在同时多回合的竞标情况下被显现。因此，竞标者并不会在盲目的情况下竞标。

ACMA相信这样的拍卖程序将高度透明。从目前的情况来看，对业者所选择的科技使用并无明显的影响。

根据2006年的“拍卖或先决价格的频谱牌照分配”决定，ACMA把拍卖相关的程序分为公告分配、登记分配、拍卖登记、拍卖进行和拍卖结束等阶段，下面分别进行详细介绍。

1．公告分配（Publication of Notice）

在进行频率分配之前，ACMA必须以适当的方式发布频率分配的公告。公告的内容需要包含参与分配所应付的费用（entry fee）、每张牌照的最低价格、申请参与分配的日期、每张牌照的保证金以及被分配牌照的细节，同时还要进一步说明申请所需的表格与文件，即“申请人相关的信息套件”；另外，如果公告的内容在发布之后有所改变，ACMA必须以适当的方式发布另一份公告来说明改变之处。

2．登记分配（Registering for an Allocation）

需要参加频率分配的申请人，应于申请截止日期之前，向ACMA缴交所需的完整申请登记文件、生效的让渡同意书、参与分配所应付的费用以及每张执照所需的保证金；ACMA 在接到申请人的相关申请文件后，应回复回条。申请者只有在缴交完整的各个文件、参与分配所应付的费用及保证金后，ACMA 让其登记到参与分配的名单之内。在申请截止分配的 15 个工作日内，ACMA 必须检视每个申请，同时决定牌照的发放是否要进行拍卖程序，如果 ACMA 检视后决定进行拍卖程序，则所有的申请者就必须进行与拍卖相关的准备工作。

如果申请人在举行拍卖前撤回申请，或申请不完备，皆可取回所缴纳的保证金。另外，如果 ACMA 决定采取价格先决的分配方式，申请人决定放弃其权利，亦可取回保证金；但是，如果申请者违背法律所规定的执照取得的义务，则将没收保证金。

3．拍卖登记（Registering by Auction）

如果申请者超过一人，同时 ACMA 依据其职权判断有进行拍卖的必要时，则 ACMA 需要设定拍卖的起始时间和地点，同时应指定拍卖人来进行拍卖。

在申请截止的 15 个工作日内，必须给予所有的登记申请者一份公告，告之以下事项：

（1）申请者超过一人。

（2）ACMA 将进行该牌照的拍卖。

（3）申请者可竞标的牌照。

（4）申请者确认参与竞标的期限，以及何种授权书应该提交，此授权书由 ACMA 发给。

（5）ACMA 是否允许电话竞标。

（6）拍卖的开始时间与地点。

（7）竞标登记的开始时间。

有意愿参与拍卖的申请者，应于期限以前缴交参加拍卖的同意书、让渡同意书，以及是否使用电话竞标的回复，如果未在期限之前回复相关信息，将视为弃权。

4．拍卖进行（Bidding in Auction）

只有经过前述程序进行登记或证实的电话竞标者，才有资格参与拍卖。拍卖人将征求牌照的标价，并且判断竞标者中的最高价，如果出标过程中有所争议，拍卖人的决定为最终的决定；另外，如果竞标者的最高出价等同于该牌照的最低价格，竞标者仍为成功的得标者。当竞标者成为最高出标者时，应立即向 ACMA 表明并验证身份。

5. 拍卖结束（Close of Auction）

当最高出价者向 ACMA 表明并且验证身份后，该拍卖结束；ACMA 将公告各项执照的最高出价者，以及得标金额，得标者必须于 ACMA 公告之后的 10 个工作日内缴纳得标金。未得标的申请人，其保证金将由 ACMA 返还。

6.3 频谱拍卖中的现象与规律

6.3.1 第二价格

第二价格拍卖中，拍卖品出售给出价最高的竞争者，但是获胜者支付的是所有投标价格中的第二高价。通常在第二价格拍卖价格中，竞拍者出价的疯狂程度有所降低，运营商最终付出的频率成本可能较低。因此英国在 4G 频谱拍卖中采用第二价格进行拍卖，以鼓励运营商。最终英国 4G 频谱拍卖的价格远低于 3G 频谱拍卖价格[①]。表 6-1 为英国 3G/4G 频谱拍卖价格的比较。

表 6-1 英国 3G/4G 频谱拍卖价格比较

	频率频段	带宽	总价
3G 频谱拍卖	1 900 MHz & 2 100 MHz	139.5 MHz	235 亿英镑
4G 频谱拍卖	800 MHz & 2.6 GHz	250 MHz	23.4 亿英镑

6.3.2 竞拍标段上限

在频谱拍卖中，为了保持竞争性和防止竞拍后产生的垄断，通常会对单个运营商的竞拍标段设置上限。例如，在德国 3G 频谱拍卖中，单个运营商的竞

① 目前采用第二价格的频谱拍卖较少，没有详细的频谱拍卖信息对比。但是在其他拍卖市场上，采用第二价格拍卖的通常拍卖成交价低于第一价格拍卖。

拍频段上限为两个最小单位（每个单位 2×5 MHz）。此外，有些无线电管理机构在频谱拍卖时会设置单个运营商的总频率上限。例如，英国通信管理局（OFCOM）计划拍卖 2.3 GHz 附近频段的 40 MHz 频率（可立即用于支持现有的 4G 业务）和 3.4 GHz 附近频段的 150 MHz 频率（从 2020 年开始专用于 5G 服务），但要求任何一家运营商“立即可用的”频率（即 800 MHz、900 MHz、1 400 MHz、1 800 MHz、2 100 MHz 和 2.6 GHz 等附近频段）不得超过 255 MHz，并且在英国可供使用的所有无线频率不得超过 340 MHz[2]。截至 2017 年 7 月，英国电信共持有 255 MHz 频率，因此被禁止参与 2.3 GHz 附近频段的频谱竞拍，但可以获得 3.4 GHz 附近频段的 85 MHz 的频率。沃达丰持有 176 MHz 频率，因此只能购买两个频段各 85 MHz 的频率，而 Three UK 和 O2 均没有限制。

6.3.3 保留价格

在频谱拍卖中，无线电管理机构一般会设置保留价格以保证频率的最低成交价格。最近几年，各国无线电管理机构的保留价格有上升的趋势，这是因为：（1）自 2000 年后频谱拍卖价格的变化让各国主管机构认为频率使用价格只有上涨这一个变化方向。然而，这种理解是误导性的，各国之间的差异很大。（2）政府有意提高频谱拍卖价格用于公共支出，最简单的办法便是提高保留价格。

GSMA 对近十年的频谱拍卖价格与保留价格进行分析[3]，可以看到在 51% 的拍卖中，成交价格和保留价格相差无几，说明在这些案例中保留价格过高。近十年来保留价格与频谱拍卖价格的单价（$/MHz/pop）之差及比例如图 6-3

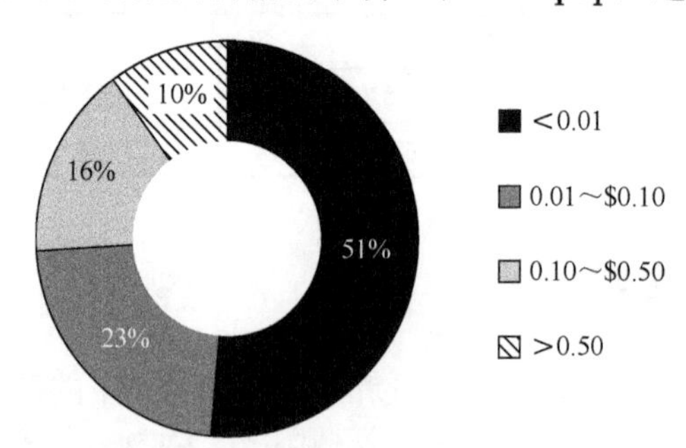

图 6-3　近十年来保留价格与频谱拍卖价格的单价（$/MHz/pop）之差及比例①

① 资料来源：Plum Consulting。

所示，保留价格过高导致流拍的统计如图 6-4 所示。这样的价格将会导致频谱市场逐渐衰弱，竞争性降低，运营商的频谱成本过高，导致网络和业务发展迟缓，覆盖和服务质量降低，甚至因为过高的保留价格而流拍。在非洲无线电频谱拍卖市场中，也有一些流拍的频谱[4]，具体情况见表 6-2。

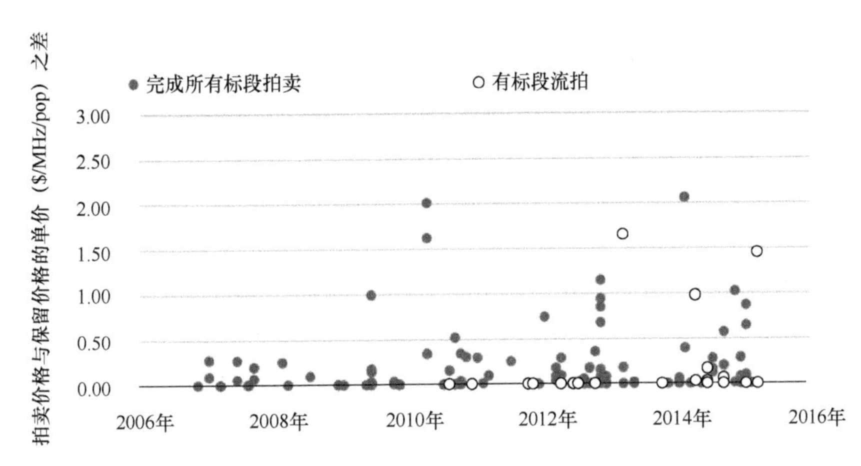

图 6-4　保留价格过高导致流拍的统计①

表 6-2　非洲频谱流拍情况

拍卖国家及年份	频　率	拍卖频谱带宽	未售出带宽	保留价格（百万美元/标段）
赞比亚 2013	800 MHz 附近频段	2×25 MHz	2×25 MHz	30 / 2×5 MHz
加纳 2015—2016	800 MHz 附近频段	2×20 MHz	2×10 MHz	67.5 /2 ×10 MHz
尼日利亚 2015—2016	2.6 GHz 附近频段	2×70 MHz	2×40 MHz	16 / 2×5 MHz
塞内加尔 2015—2016	700 MHz 附近频段 800 MHz 附近频段 1 800 MHz 附近频段	2×30 MHz @700 MHz 2×20 MHz @800 MHz 2×30 MHz @1 800 MHz	2×30 MHz @700 MHz 2×20 MHz @800 MHz 2×30 MHz @1 800 MHz	55.24 /标段（每标段包括 2×10 MHz @ 700 MHz；2×5 MHz @ 800 MHz；2×10 MHz @ 1 800 MHz）

① 资料来源：Plum Consulting。

6.3.4 价格与网络和业务发展

从欧洲 800 MHz 附近频谱的拍卖和随后的 4G 网络发展中可以看到，过高的频率使用价格将会对移动网络的建设和业务发展带来负面影响[5, 6]。

图 6-5、图 6-6 和图 6-7①分别是 800 MHz 附近频率使用价格与拍卖 2 年后 4G 连接数、渗透率和人口覆盖率的关系，可以看出，频率使用价格越高，4G 网络的建设和业务的发展越落后，呈现明显的反比关系。图中，R 表示成本和 4G 相关指标之间的关联性，Count 表示样本数。

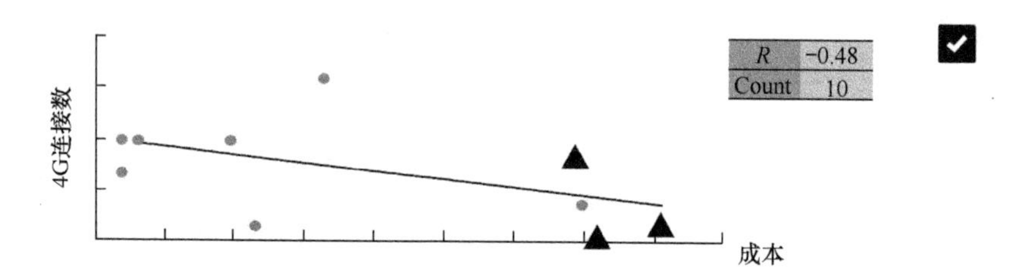

图 6-5 800 MHz 附近频率使用价格与频谱拍卖 2 年后 4G 连接数的关系

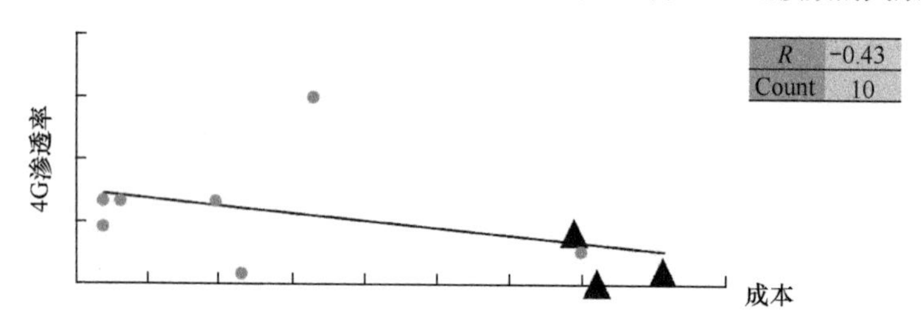

图 6-6 800 MHz 附近频率使用价格与频谱拍卖 2 年后 4G 渗透率的关系

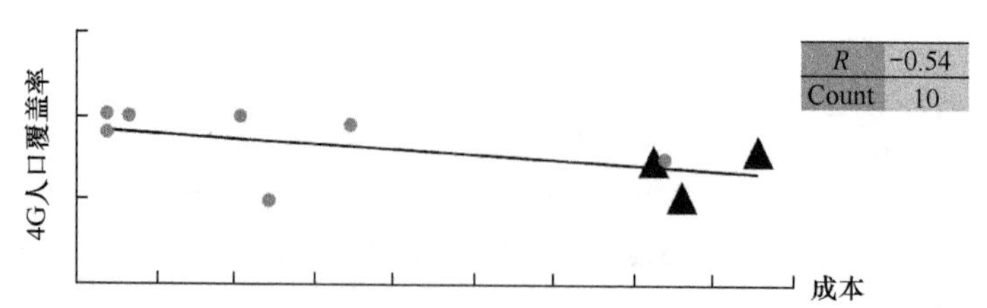

图 6-7 800 MHz 附近频率使用价格与频谱拍卖 2 年后 4G 人口覆盖率的关系

① 数据来源：GSMA。

6.3.5 授权年限

频率授权的年限对网络和业务的发展有着重要影响。目前全球频谱拍卖的授权年限大多为10～20年。图6-8为频率授权年限与部署2年后及2014年Q4的4G网络人口覆盖率的关系，图6-9为频率授权年限与LTE800网络部署2年后人口覆盖率的关系。图中，*R* 表示人口覆盖率和授权年限之间的相关指标关联性，Count 表示样本数。可以看到，授权年限与网络和业务的发展呈正相关关系。这说明，频率的授权年限越长，运营商在授权年限内收回成本获得收益的可能性越大，从而进行网络建设的积极性越高。

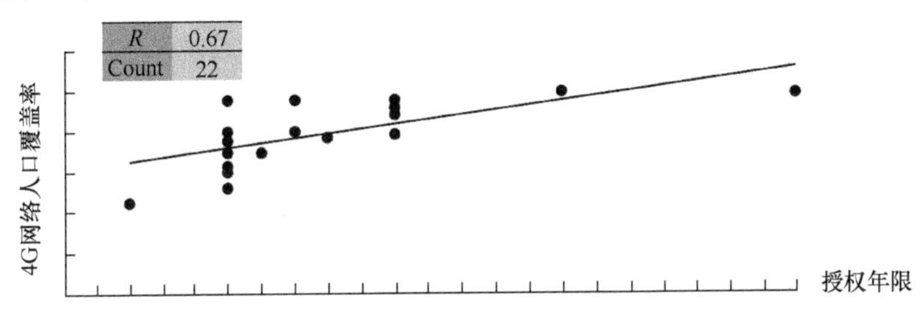

图6-8　频率授权年限与4G网络人口覆盖率的关系（2014年Q4）

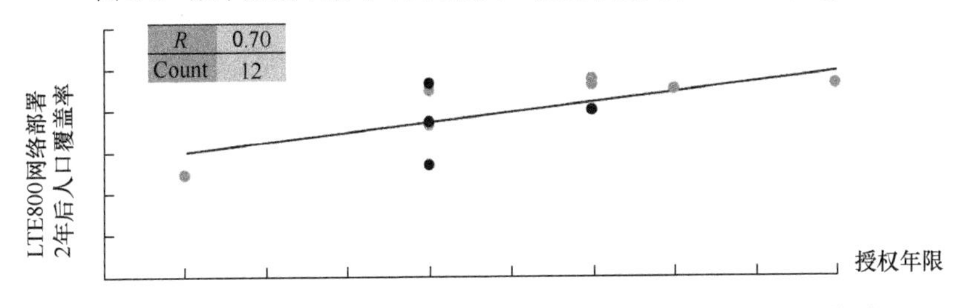

图6-9　频率授权年限与LTE800网络部署2年后人口覆盖率的关系

6.3.6 赢者诅咒

赢者诅咒（Winner's Curse）是在拍卖中普遍存在的一个问题，最早提出赢者诅咒的是在石油竞拍案例中，最高出价和最低出价的比例通常在5到10之间，最高可以达到100。例如，1969年阿拉斯加北湾原油拍卖中，赢者的出价是9亿美元，而第二名的价格只有3.7亿美元。在26%的案例中，中标价格超过了次高价格的4倍以上，在77%的案例中，中标价格超出了次高价至少两倍。在1954—1969年间，墨西哥湾1223份原油开采租约中，平均现值损失约为每份租约 192 128 美元，其中 62%的租约一无所获；另外，16%租约尽管有产量，但在税后也是不盈利的。只有 22%的租约是盈利的，税后收益率总共也只有 18.74%。

在第一价格拍卖试验中，没有经验的竞拍者遭受了赢者诅咒，平均利润为负（Lind and Plott，1991）。在竞争人数相对较少（比如 4 个）的第一价格拍卖中，有经验的竞拍者能够逃避赢者诅咒。但不幸的是，随着竞拍人数的增多（6 或 7 个），赢者诅咒会再度出现（Kagel and Levin，1986）。

IMT 频谱拍卖中，欧洲的 3G 频谱拍卖获胜者普遍没有逃脱赢者诅咒[6]。例如，德国的 3G 拍卖拍得的金额巨大，单纯从财政收入来说达到了拍卖的目的。但是这也使得拍得频谱牌照的运营商在接下来的时间里陷入了极大的资金困境，不仅在频谱牌照上的花费巨大，并且建网所需的资金也十分巨大。结果在德国 3G 拍卖后，各个运营商的运营情况都不是特别理想，一部分运营商被迫破产从德国撤资，另外一部分也经历了相当长时间的亏损。典型的例子是西班牙电信和芬兰 Sonera 成立的合资公司 Group 3G，Group 3G 耗资 84 亿欧元竞拍到 3G 频谱牌照，但之后宣布不会在德国部署 3G 网络，Group 3G 被勒令交出了 3G 牌照，提起诉讼要求退回牌照费用也以败诉而告终，最后该公司宣布撤出德国市场。

发生赢者诅咒的本质是信息的不对称，竞拍者错误地估计了标的的实际价值。有经济学者认为，降价拍卖可以在一定程度上避免赢者诅咒，因为降价拍卖等于公开了一部分信息。

因此对于无线电主管机构而言，不能单纯地从财政收入角度来判断频谱拍卖的结果，频谱牌照费用存在一个合理的价格范围，太低不能反映频率的价值，不利于促进高效利用；太高对于运营商来说经济压力太大，不利于市场稳定和电信运营商及电信行业的正常发展。

6.4 频谱拍卖价格的评估分析

由于低端频谱具有良好的传播特性，适用于低成本的广覆盖和深度覆盖，而中端频谱适用于连续的容量覆盖，更高的毫米波频段则适用于可视路径下的大容量覆盖。可见不同频率的适用场景不同，对于运营商的价值也不尽相同。

6.4.1 低端频谱拍卖分析

这里以 700 MHz 附近频段为例探讨无线电管理机构和各国运营商对于低端频谱拍卖的设计和价格评估。全球 700 MHz 附近频段的频谱拍卖成交信息汇总见表 6-3。

表 6-3 全球 700 MHz 附近频段的频谱拍卖成交信息汇总

国家/地区	拍卖时间	频谱拍卖信息	总价（美元）	平均单价		使用年限
美国	2008-3	52 MHz @ 700 MHz	191.2 亿	19.1 亿美元/年	3 673.1 万美元/兆赫/年	10 年
	2017-2	2×35 MHz @ 600 MHz	190.6 亿	15.88 亿美元/年	2 269 万美元/兆赫/年	12 年
新西兰	2014-1	2×45 MHz @ 700 MHz	1.8 亿	1 200 万美元/年	13.3 万美元/兆赫/年	15 年
加拿大	2014-3	68 MHz @ 700 MHz	39.1 亿	3.91 亿美元/年	575 万美元/兆赫/年	10 年
德国	2015-6	2×30 MHz @ 700 MHz	10.8 亿	5 400 万美元/年	90 万美元/兆赫/年	20 年
法国	2015-11	2×30 MHz @ 700 MHz	30.4 亿	1.52 亿美元/年	253 万美元/兆赫/年	20 年
巴西	2015	2×40 MHz @ 700 MHz	18.35 亿	1.22 亿美元/年	153.92 万美元/兆赫/年	15 年
芬兰	2017-2	2×30 MHz @ 700 MHz	7 233 万	424.9 万美元/年	7.08 万美元/兆赫/年	17 年

对上述拍卖价格与各国每用户平均收入（ARPU）值和连接密度进行分析，频谱买卖价格与 ARPU 值和连接密度的关系见表 6-4。

表 6-4 频谱买卖价格与 ARPU 值和连接密度的关系

国家/地区	频谱单价（万美元/兆赫/年）	每万美元收益的频谱成交价格（美元/兆赫/年）	ARPU（美元）	连接密度（个/km^2）
美国（700 MHz）	3 676.92	30.78	51.49	24.10
美国（600 MHz）	2 357.14	16.95	39.83	36.27
德国	90.67	5.81	14.63	301.91
法国	325.83	22.38	22.76	95.08
加拿大	575.00	45.67	44.35	3.93
新西兰	13.33	11.84	20.57	20.67
芬兰	7.08	3.8	18.13	30.39
巴西	152.92	9.50	5.85	32.24

在表 6-4 中，每万美元收益的频谱成交价格是指频谱单价÷（ARPU×连接密度），用来表征单位收益下的频谱价格。从表中可以看到：

➢ 每万美元收益的频谱成交价格与 ARPU 有一定关系，这是因为低端频谱有利于新体制网络的快速低成本部署，ARPU 越高，用户为新体制网络的更好服务体验付费的意愿更高，运营商越愿意为频谱付更高的价格。

➢ 每万美元收益的频谱成交价格与连接密度有一定关系，连接密度越大，单位站点内覆盖的连接数越多，运营商对于低端频谱的需求越不那么迫切，因此运营商愿意为频谱付出的价格越低；连接密度越小，运营商愿意为频谱付出的价格越大，相同的设备投入下，低端频谱可以覆盖更多的用户，提高收入。

每万美元收益的频谱成交价格与 ARPU 的拟合关系如图 6-10 所示。

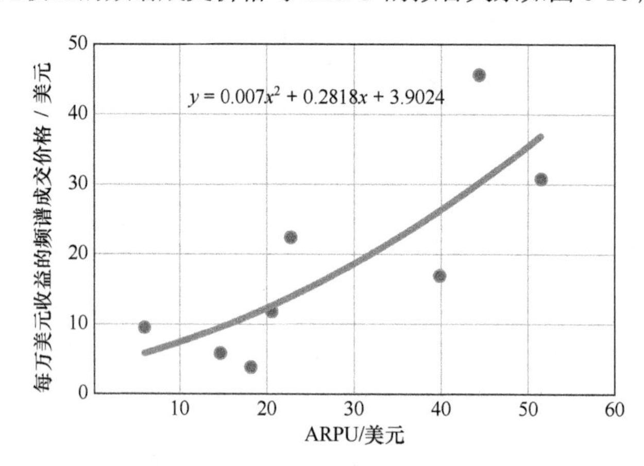

图 6-10　每万美元收益的频谱成交价格与 ARPU 值的拟合关系

其中，x 为 ARPU 值，y 为每万美元收益的频谱成交价格。可见，曲线上方的国家的连接密度基本上低于曲线下方的国家。

6.4.2　中端频谱拍卖价格分析

目前被广泛分配和使用的中端频谱包括 1.8 GHz、1.9 GHz、2.1 GHz、2.3 GHz 和 2.6 GHz，其中：

2.1 GHz 的初始分配和拍卖主要是在 3G 系统的 WCDMA 网络部署初期；

1.8 GHz 的初始分配和拍卖主要是在 2G 系统 GSM 网络部署初期，有部分频谱在到期时进行了重分配，方式各有不同；

2.3 GHz 和 2.6 GHz 的初始分配和拍卖主要是在 4G 系统 LTE 网络部署初期。

由前文可知，2G、3G 时期的频谱拍卖还处于探索与发展时期，因此这里以 2.6 GHz 为例研究中端频谱的拍卖价格模型。2.6 GHz（Band7）拍卖信息汇总见表 6-5。

表 6-5　2.6 GHz（Band7）拍卖信息汇总

国家/地区	拍卖时间	带宽（MHz）	使用期限（年）	成交总价（美元）	均价（美元/兆赫/年）
智利	2012-07-30	40.0	30	500 915	417.429
巴西	2012-06-13	40.0	15	266 270 850	443 784.8
比利时	2011-11-28	30.0	15	17 709 600	39 354.67
捷克	2013-11-19	10.0	15	3 655 200	24 368
丹麦	2010-05-10	45.0	20	1 121 796.2	1 246.44
芬兰	2009-11-23	40.0	20	795 636.75	994.546
法国	2011-09-22	30.0	20	268 482 967	447 471.6
德国	2010-05-20	40.0	15	84 091 162.5	140 151.9
意大利	2011-09-29	20.0	20	85 298 100	213 245.3
荷兰	2010-04-26	40.0	20	1 188 097.5	1 485.122
保加利亚	2011-11-28	40.0	15	14 130 000	23 550
哥伦比亚	2013-06-26	30.0	10	40 942 589.5	136 475.3
瑞典	2008-05-8	40.0	15	19 619 600	32 699.33
加纳	2011-01-21	30.0	10	5 500 000	18 333.33
澳大利亚	2010-09-20	65.0	16	12 988 484.4	12 488.93
希腊	2014-10-13	10.0	15	5 537 782.5	36 918.55
韩国	2016-05-6	60.0	10	1 131 136 000	1 885 227
塞浦路斯	2016-06-7	55.0	15	7 653 750	9 277.273
尼日利亚	2016-06-13	60.0	10	96 000 000	160 000
西班牙	2011-10-1	20.0	19	28 350 868.9	74 607.55
冰岛	2017-05-22	40.0	15	331 500.00	552.5

对上述拍卖价格与各国 ARPU 和连接数进行分析，频谱买卖价格与 ARPU 和连接数的关系见表 6-6，2.6GHz 频谱单价与总收益的关系如图 6-11 所示。

表 6-6　频谱买卖价格与 ARPU 和连接数的关系

国家/地区	单价（美元/兆赫/年）	ARPU	连接数	总收益（万美元）
智利	417.429 1	$ 12.5711	25 297 488	31 802
巴西	443 784.8	$ 6.75	256 699 308	173 239
比利时	39 354.67	$ 25.20	13 594 533	34 259
捷克	24 368	$ 11.92	14 100 328	16 812
丹麦	1 246.44	$ 29.79	7 656 026	22 807
芬兰	994.545 9	$ 25.32	7 945 900	20 116
法国	447 471.6	$ 39.06	75 568 207	295 179
德国	140 151.9	$ 16.71	106 555 442	178 039
意大利	213 245.3	$ 20.09	88 448 363	177 662
荷兰	1 485.122	$ 38.92	18 719 102	72 856
保加利亚	23 550	$ 13.97	17 270 026	24 126
哥伦比亚	136 475.3	$ 7.55	45 452 824	34 296
瑞典	32 699.33	$ 25.28	10 934 286	27 639
加纳	18 333.33	$ 19.45	12 915 076	25 116
澳大利亚	12 488.93	$ 11.08	16 204 476	17 949
希腊	36 918.55	$ 21.96	1 621 712	3 561
韩国	1 885 227	$ 3.84	150 285 993	57 753
塞浦路斯	9 277.273	$ 23.44	55 999 001	131 267
尼日利亚	160 000	$ 20.96	433 652	909
西班牙	74 607.55	$ 12.571 1	25 297 488	31 802
冰岛	552.5	$ 6.75	256 699 308	173 239

根据上述关系拟合，我们发现 2.6 GHz 的频谱单价与总收益关系更为明确。这是由于目前中端频谱主要用于广覆盖下的容量提升，总收益越高，其潜在的业务量与收入越高，因而运营商付出的价格意愿也越高。

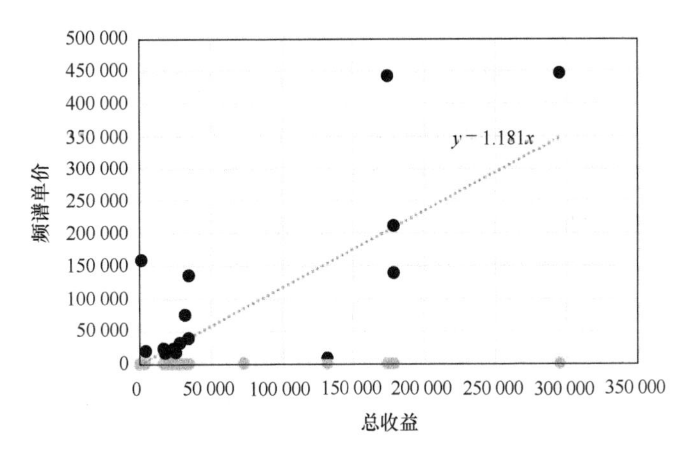

图 6-11 2.6 GHz 频谱单价与总收益的关系

6.4.3 影响频谱拍卖价格的因素

根据以上分析，拍卖价格会由于频段的高低而不同。但是即使相同频段上的不同频谱资源，其拍卖价格也会受到各种因素的影响。

带宽：一方面，更大的带宽可以为运营商带来更大的容量和用户接入，从而提升运营商的收入；另一方面，如果某段频谱资源的带宽可以满足大部分地区的业务需求，那么将大大减少运营商的网络建设和运维成本。例如，20 MHz 带宽可满足我国现阶段大部分地区的 LTE 业务，如果运营商可获取的频谱带宽不足 20 MHz，则需要在相当大的区域内部署多个 RRU，并需要部署具有更高技术复杂度和成本的 CA 技术来满足业务需求；如果运营商可获取的频谱带宽超过 20 MHz，则在相当大的区域内只需要部署一个 RRU。

所在国家的经济情况和连接密度：同样的频谱资源在不同经济条件的国家中，其拍卖价格也会不同。由于每个国家的人均 GDP 和国内用户的 ARPU 决定了运营商拥有的财力。同时，连接密度也会影响运营商争取频谱资源的积极性，连接密度大意味着部署相同规模的网络可以获取更多的用户和业务收入。

网络和业务的发展要求：通常无线电管理机构在分配频率时会给定在期限内网络和业务的发展要求，以督促运营商有效利用频谱资源。但如果要求过高，就会给运营商带来巨大的建设难度和成本压力，从而降低运营商为频谱资源设置的预算。

国家地理：一个国家的地理情况，将有很多可能影响无线电使用效益的地方。其中，包括国家的大小、地理形状、地形结构、协调距离内的国家数量及其无线电通信基础设施。邻国的基础设施越发达，在引进新业务时的困难就有可能越大——涉及边境地区的频率协调问题。这对于人口密度较低，频谱需求少的国家来说并不是一个很大的问题。另外，大国在规划无线电业务时，具有更大的自由度，更大比例的国土面积上无须与邻国进行协调。如果邻国较少，这种自由度会更大。如果某一国家在某一特定频率的协调距离内没有邻国，那么该国家在这方面将更加便利，可在其国界内任何地方无限制地接入该频率。同时，不同的地形结构会影响网络的部署成本和运营难度。

与其他业务之间的干扰共存：主要包括两部分内容，一方面，为了保护现有业务，对现有业务台站施加的额外保护措施和对 IMT 基站设备施加的额外器件或措施，都会额外增加建网成本；另一方面，为了保护现有业务采取的地域隔离，缩小了单频段的覆盖面积，影响了业务收入。此外，与其他业务之间的协调难度也将影响频谱的价格。

因此，当主管机构在设置频谱拍卖的保留价格时，在参考其他国家频谱拍卖价格的同时，需要与本国经济、地理、人口、无线电业务划分规定及使用情况等多方面因素进行考虑，设置符合本国经济利益，促进国内电信行业有序竞争、良性发展的拍卖机制及价格。

6.5 小结

在 2008 年之前的频谱拍卖处于发展阶段，频谱拍卖价格大多数很高，从频谱拍卖收益上来说是成功的。但是拍卖之后，很多电信运营商的运营情况却不尽如人意。无线电管理机构不能单纯地从财政收入一方面来判断频谱拍卖的结果，在拍卖规则的设定中，需要多方面考虑，既保证频谱的高效利用，也能促进电信运营商的正常发展。因此在 4G 频谱的拍卖中，各国主管机构已经适当改变了拍卖设计，从而扶持了电信运营商的发展。

根据对国际上 700 MHz 和 2.6 GHz 的频谱拍卖价格进行分析，我们可以看到以下规律：

（1）低端频谱主要用于广度和深度覆盖，有利于低成本的快速建网，因此低端频谱每万美元收益的频谱成交价格与连接密度成反比；每万美元收益的频谱成交价格与 ARPU 有一定关系，ARPU 越高，运营商的营收能力越好，运营商越愿意为频谱付更高的价格。

（2）中端频谱主要用于广覆盖下的容量提升，因此与总收益直接相关。

综上所述，在我国未来可能的频谱市场化配置中，建议如下：

（1）为了鼓励运营商的竞争意愿和未来业务的部署与发展，频谱拍卖可采用第二价格原则，降低频谱价格。

（2）为了保护弱势运营商的竞争意愿和拍卖后的竞争能力，防止强势运营商在拍卖后的垄断可能性，应为每个运营商设置竞拍标段上限，并尽可能地保护弱势运营商的竞争力。

（3）设置较低的保留价格，以免流拍和过高的成交价格，降低运营商的频谱成本，从而提升运营商的网络建设和运营的意愿与能力。

（4）设置较高的授权年限，从而保护运营商网络建设和业务发展的意愿。

（5）设置频谱拍卖的保留价格时，需要统筹考虑本国经济、地理、人口、无线电业务划分规定及使用情况等多方面因素，设置符合本国经济利益，促进国内电信行业有序竞争、良性发展的拍卖机制及价格。

参考文献

[1] 尹华川，万晓榆，张炎. 中国无线电频谱拍卖机制研究[M]. 北京：科学出版社，2013：77-98.

[2] OFCOM. Award of the 2.3 and 3.4 GHz spectrum bands Competition issues and Auction Regulations[EB/OL]. [2018-04-25]. https://www.ofcom.org.uk/__data/assets/pdf_file/0033/109788/statement-auction-regulations.pdf.

[3] GSMA. Effective spectrum pricing helps boost mobile services[EB/OL]. [2017-01]. https://www.gsma.com/spectrum/wp-content/uploads/2017/02/Effective-Spectrum-Pricing-Full-Web.pdf.

[4] GSMA. Consumers in developing countries are hard hit by high spectrum prices [EB/OL]. [2018-07-17]. https://www.gsma.com/newsroom/press-release/gsma-finds-that-consumers-in-developing-countries-are-hard-hit-by-high-spectrum-prices/.

[5] GSMA. Spectrum pricing in developing countries [EB/OL]. [2018-07-17] https://www.gsma.com/latinamerica/spectrum-pricing-in-developing-countries/.

[6] GSMA. Lessons from European spectrum pricing [EB/OL]. [2017-10-04]https://www.gsma.com/spectrum/european-spectrum-lessons/.

第 7 章 系统间干扰的主要解决方案探讨

在本书的第 2 章中详细描述了无线电的干扰原理和方法，本章将介绍这些干扰分析方法怎样应用在实际部署的网络系统中，并采取怎样的措施解决干扰而实现共存。无线电通信系统同时面临着来自自身的系统干扰和外部系统的系统间干扰。怎么有效解决干扰问题一直是通信系统设计的重点，同时也是难点。对于解决系统间干扰最直接的方法是在频率规划和划分之前，制定好相关频率使用要求，包括应用场景、最大发射功率、射频指标和保护带等。这样可以简化系统部署的难度。但是有时需要考虑频率使用的高效性，或者在规划初期未能全面考虑可能出现的干扰问题，那么在系统部署时或部署后也需要采用相应的干扰共存的解决方案来防止干扰。最常用的解决方案有增加外置滤波器、功率调整、天线技术和屏蔽技术等。

7.1 保护要求

面对各种类型的干扰，为了实现各系统间同频或邻频的共存，需要制定各种类型的保护要求，指导工程解决方案的实施。最常见的保护要求包括 PFD 限值、保护带、杂散限值、阻塞限值、无用发射功率限值和隔离度要求等。通常情况下，保护要求应同时包含多种限值要求和隔离度要求，才能达到保护的目的，从而实现系统间共存。例如，移动通信系统间的保护要求由杂散限值、阻塞限值和隔离度要求这三个部分组成。

3GPP 标准[1~5]针对移动通信系统共站址部署的场景给出了基站设备的杂散限值和阻塞限值要求。其认为基站共站址部署时的隔离度至少需要达到 30 dB 以上，根据此假设计算得到了基站设备的干扰系统的杂散限值和被干扰系统阻塞限值要求。计算方法如下：

干扰系统的杂散=被干扰系统可容忍的接收功率+隔离度

被干扰系统阻塞=干扰系统的发射功率−隔离度

以LTE系统为例，热噪声(N)=热噪声密度×接收带宽+噪声系数=−174+10lg(100×10^3)+5=−119（dBm/100kHz）；其保护准则为I/N=−7 dB，则被干扰系统可容忍的接收功率为I/N+N=−7+(−119)=−126（dBm/100 kHz）。同时，根据3GPP共站指标的假设，在此隔离度取值为30 dB，干扰系统的发射功率取值为46 dBm。

干扰系统的杂散=被干扰系统可容忍的接收功率+隔离度=−7+(−119)+30=−96（dBm/100kHz）。

被干扰系统阻塞=干扰系统的发射功率−隔离度=46 dBm−30 dBm =16 dBm。

本书在干扰解决方案案例的章节里，根据3GPP技术标准中的杂散限值和阻塞限值计算出了隔离度要求，以及在各系统共站址的情况下，采用天线隔离技术需要的垂直隔离距离或水平隔离距离。

7.2 工程隔离

7.2.1 功率调整

功率调整包含两个方面：一方面，限制干扰系统的最大发射功率来降低对被干扰系统的干扰；另一方面，系统设计本身具备功率调整机制，可以动态调整基站和终端的发射功率。下面以IMT系统为例介绍功率调整的方法。

1. 功率设置

由于IMT系统部署时可以根据IMT功率能力和IMT覆盖范围设置IMT实际发射功率，因此可以通过调节功率设置的方法来消除对被干扰系统的干扰。IMT标准中定义的四类功率等级见表7-1。

表7-1 IMT标准中定义的四类功率等级

基站等级	发射功率	基站等级	发射功率
宏覆盖基站	无上限	小站	<+24 dBm
中等覆盖基站	<+38 dBm	家庭基站	<+20 dBm（单天线口）

同时，各等级范围也可以根据实际需求来设定功率大小。

2. 功率控制

基于 IMT 系统标准方案，IMT 基站和终端具有功率控制能力，可以基于本小区功率需要和干扰情况自适应调整功率。同时，还可通过设置 IMT 功率控制能力来减小系统间干扰。

7.2.2 外置滤波器

外置滤波器是一种常见的抗干扰解决方式，它通过在干扰系统发射端增加带通滤波器和被干扰系统的接收端增加带阻滤波器的方式来实现系统间邻频共存。通常情况下，该方案可用于对已部署系统的保护。

为了能够达到对被干扰系统的保护要求，需要在干扰系统的发射端增加带通滤波器。它通过对干扰系统的发射边带功率进行进一步的抑制，来减少落入到被干扰系统的有害功率，实现对被干扰系统的保护。而在被干扰系统的接收端加装带阻滤波器，则是通过加强对带外有害功率接收抑制的方式，减少对被干扰系统发射有害功率的接收，实现对被干扰系统的保护。但是，一方面，这种方式会增加发射端和接收端的插入损耗。也就是说，它会降低干扰系统的自身发射功率，影响覆盖，也会降低被干扰系统的接收灵敏度，还会影响被干扰系统的覆盖。另一方面，实现这样的抑制需要一定的频率过渡带，从而降低了频率的利用率。

图 7-1 是一个带通滤波器的频响图，以此为例介绍外置滤波器的设计要点。该外置滤波器是为了满足发射端在大于 1 880 MHz 位置实现 80 dB 以上的抑制而设计的，通带宽度为 1 805～1 875 MHz，在通带内带来 0.6～2.5 dB 的插入损耗。

7.2.3 天线技术

对于 IMT 基站天线，可以通过调整天线方位角，增加水平隔离距离和垂直隔离距离来规避干扰。在国内行业标准（YD/T 2164.1）[6]中介绍了水平空间、垂直空间和综合空间三种隔离方式的隔离度计算公式。

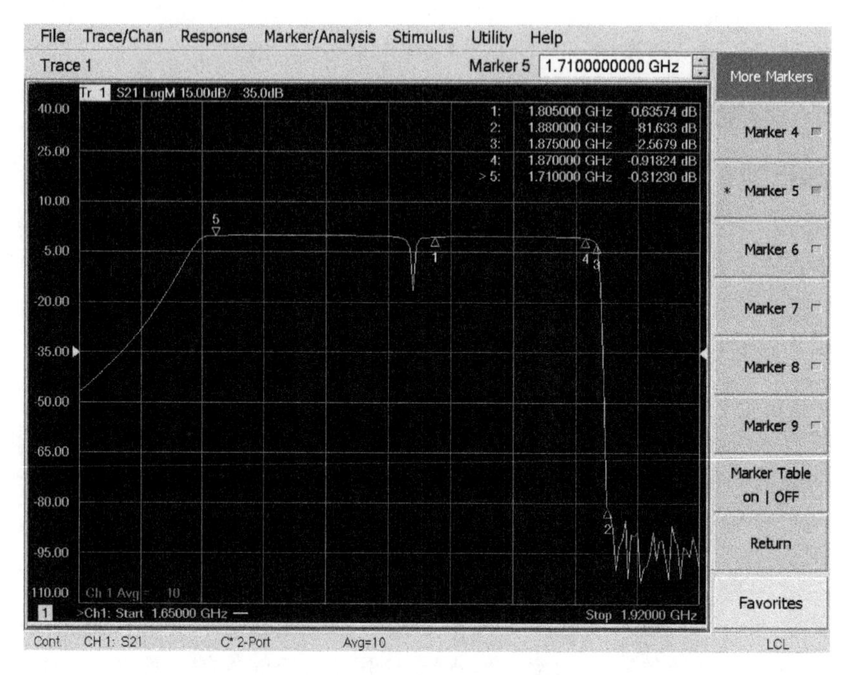

图 7-1　带通滤波器的频响图

1. 水平空间隔离度计算

天线之间水平空间隔离示意图如图 7-2 所示。

当两天线间距 d_h 近似满足远场条件，即

$$d_h \geqslant \frac{2D^2}{\lambda}$$

水平空间隔离度可用下式表示：

$$I_h = 22 + 20\lg\frac{d_h}{\lambda} - (G_{\mathrm{Tx}} + G_{\mathrm{Rx}}) - [\mathrm{SL}(\varphi)_{\mathrm{Tx}} + \mathrm{SL}(\theta)_{\mathrm{Rx}}]$$

式中：D 是发射天线和接收天线的最大尺寸，单位为 m；I_h 是水平空间隔离时，发射天线与接收天线之间的隔离度要求，单位是 dB；d_h 是发射天线与接收天线之间的水平距离，单位为 m；λ 是接收频率范围内的无线电波长，单位为 m；G_{Tx} 是发射天线在干扰频率上的增益，单位为 dBi；G_{Rx} 是接收天线在干扰频率上的增益，单位为 dBi；$\mathrm{SL}(\varphi)_{\mathrm{Tx}}$ 是发射天线在两天线中心连线的角度方向上的副瓣电平（相对于主瓣方向，为负值），单位是 dB；$\mathrm{SL}(\theta)_{\mathrm{Rx}}$ 是接收天线在两天

线中心连线的角度方向上的副瓣电平（相对于主瓣方向，为负值），单位是 dB。

2. 垂直空间隔离度计算

天线之间垂直空间隔离示意图如图 7-3 所示。

垂直空间隔离度原则上可以采用下式表示：

$$I_V = 28 + 40 \times \lg\left(\frac{d_V}{\lambda}\right)$$

式中：I_V 是指垂直空间隔离时，发射天线和接收天线之间的垂直空间隔离度要求，单位是 dB；d_V 是指发射天线与接收天线之间的垂直距离，单位是 m；λ 是指接收频率范围内的无线电波长，单位是 m。

3. 综合空间隔离度计算

除以上水平空间隔离和垂直空间隔离外，还可以进行水平空间和垂直空间混合的隔离，即综合空间的隔离，如图 7-4 所示。

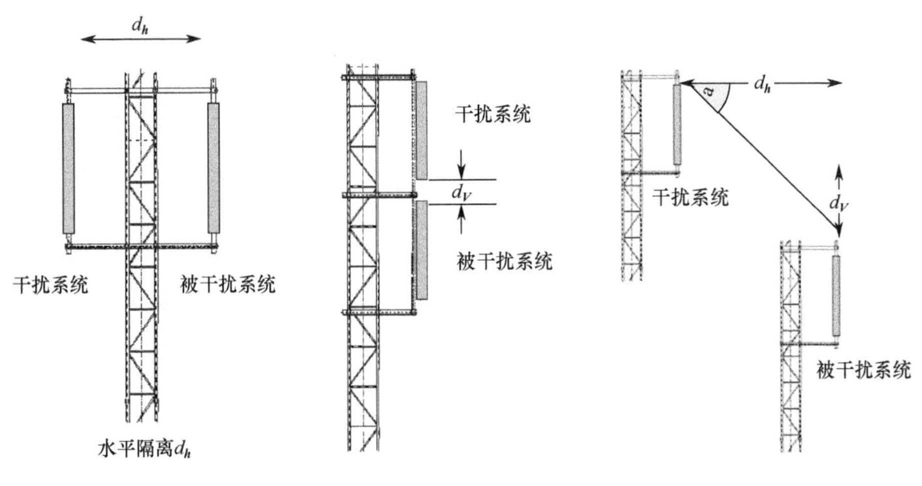

图 7-2　天线之间水平空间隔离示意图

图 7-3　天线之间垂直空间隔离示意图

图 7-4　天线之间综合空间隔离示意图

综合空间隔离度可以采用下式进行计算：

$$I_{\text{Mix}} = (I_V - I_h) \times \left(\frac{\alpha}{90^\circ}\right) + I_h$$

式中：I_{Mix} 是指综合空间隔离时，发射天线与接收天线之间的隔离度要求，单位是 dB；I_h 是指水平空间隔离时，发射天线与接收天线之间的隔离度要求，单位是 dB；I_V 是垂直空间隔离时，发射天线与接收天线之间的隔离度要求，单位是 dB；α 是发射天线和接收天线之间的垂直夹角，单位是度。

目前，各个运营商的网络都是多个频段多个制式的移动网络，即使是单个运营商内部也同时运营着多个频段多个制式的移动网络。各频段各制式的网络都是通过天线隔离的方式实现共存的。

目前，国内各运营商 2G/3G/4G 的移动通信频率划分见表 7-2，不同通信系统间的隔离度要求见表 7-3，不同通信系统间的垂直空间隔离度要求见表 7-4，不同通信系统间的水平同向隔离度要求见表 7-5。

表 7-2　国内各运营商 2G/3G/4G 的移动通信频率划分

移动通信系统	运 营 商	频　　段
GSM900	中国移动	889～904 MHz/934～949 MHz
	中国联通	904～915 MHz/949～960 MHz
GSM1800	中国移动	1 710～1 735 MHz/1 805～1 830 MHz
	中国联通	1 735～1 755 MHz/1 830～1 850 MHz
CDMA 1X/EVDO	中国电信	825～835 MHz/870～880 MHz
WCDMA	中国联通	904～915 MHz/949～960 MHz
		1 940～1 965 MHz/2 130～2 155 MHz
TD-SCDMA	中国移动	1 880～1 900 MHz、2 010～2 025 MHz、2 320～2 370 MHz（室内）
TD-LTE	中国移动	1 885～1 915 MHz、2 320～2 370 MHz（室内）、2 575～2 635 MHz
	中国联通	2 555～2 575 MHz、2 300～2 320 MHz（室内）
	中国电信	2 635～2 655 MHz
LTE FDD	中国联通	904～915 MHz/949～960 MHz
		1 755～1 765 MHz/1 850～1 860 MHz
	中国电信	824～835 MHz/869～880 MHz
		1 765～1 785 MHz/1 860～1 880 MHz
		1 920～1 940 MHz/2 110～2 130 MHz

表7-3　不同通信系统间的隔离度要求

单位：dB

系 统 名 称	GSM900	GSM1800	CDMA1X/EVDO	WCMDA900	WCDMA2100	TD-SCDMA（2 GHz）	TD-SCDMA（1.9 GHz）	LTE FDD（1.8 GHz）	LTE FDD（2.1 GHz）	TD-LTE（1.9 GHz）	TD-LTE（2.6 GHz）
GSM900		30	50	30	30	30	30	30	30	30	30
GSM1800			30	30	30	30	74	30	30	74	30
CDMA1X/EVDO				30	30	30	30	30	30	30	30
WCDMA900					30	30	30	30	30	30	30
WCDMA2100						30	30	30	30	65	30
TD-SCDMA（2 GHz）							30	30	30	30	30
TD-SCDMA（1.9 GHz）								75	30	30	30
LTE FDD（1.8 GHz）									30	50	30
LTE FDD（2.1 GHz）										50	30
TD-LTE（1.9 GHz）											30
TD-LTE（2.6 GHz）											

表 7-4　不同通信系统间的垂直空间隔离度要求

单位：米

系统名称	GSM900	GSM1800	CDMA1X/EVDO	WCDMA900	WCDMA2100	TD-SCDMA（2 GHz）	TD-SCDMA（1.9 GHz）	LTE FDD（1.8 GHz）	LTE FDD（2.1 GHz）	TD-LTE（1.9 GHz）	TD-LTE（2.6 GHz）
GSM900		0.17	1.20	0.38	0.17	0.17	0.17	0.17	0.17	0.17	0.17
GSM1800			0.17	0.17	0.17	0.17	2.12	0.17	0.17	2.12	0.17
CDMA1X/EVDO				0.42	0.17	0.17	0.17	0.17	0.17	0.17	0.17
WCDMA900					0.17	0.17	0.17	0.17	0.17	0.17	0.17
WCDMA2100						0.17	0.17	0.17	0.17	1.26	0.17
TD-SCDMA（2 GHz）							0.17	0.17	0.17	0.17	0.17
TD-SCDMA（1.9 GHz）								2.24	0.17	0.17	0.17
LTE FDD（1.8 GHz）									0.17	0.53	0.17
LTE FDD（2.1 GHz）										0.53	0.17
TD-LTE（1.9 GHz）											0.17
TD-LTE（2.6 GHz）											

表 7-5　不同通信系统间的水平同向隔离度要求

单位：米

系统名称	GSM900	GSM1800	CDMA1X/EVDO	WCDMA900	WCDMA2100	TD-SCDMA（2 GHz）	TD-SCDMA（1.9 GHz）	LTE FDD（1.8 GHz）	LTE FDD（2.1 GHz）	TD-LTE（1.9 GHz）	TD-LTE（2.6 GHz）
GSM900		0.4	8.47	0.85	0.4	0.4	0.4	0.4	0.4	0.4	0.4
GSM1800			0.4	0.4	0.4	0.4	59.7	0.4	0.4	59.7	0.4
CDMA1X/EVDO				0.85	0.4	0.4	0.4	0.4	0.4	0.4	0.4
WCDMA900					0.4	0.4	0.4	0.4	0.4	0.4	0.4
WCDMA2100						0.4	0.4	0.4	0.4	21.2	0.4
TD-SCDMA（2 GHz）							0.4	0.4	0.4	0.4	0.4
TD-SCDMA（1.9 GHz）								67	0.4	0.4	0.4
LTE FDD（1.8 GHz）									0.4	3.8	0.4
LTE FDD（2.1 GHz）										3.8	0.4
TD-LTE（1.9 GHz）											0.4
TD-LTE（2.6 GHz）											

7.2.4 屏蔽技术

屏蔽技术常见于卫星地球站的干扰保护，由于卫星接收地球站一般具有相对固定的接收角度，因此便于安装屏蔽罩等相关屏蔽设备。

ITU-R SF.1486[7]建议书中介绍了在卫星接收地球站周围采用物理或自然的屏蔽方法。

1. 斜栅栏或吸收材料的双重栅栏

带斜栅栏的双重栅栏如图 7-5 所示，带斜栅栏吸收材料的双重栅栏如图 7-6 所示，由此可知，双重栅栏是一种有效对抗来自两个截然相反方向的干扰源的干扰减缓解决方案。

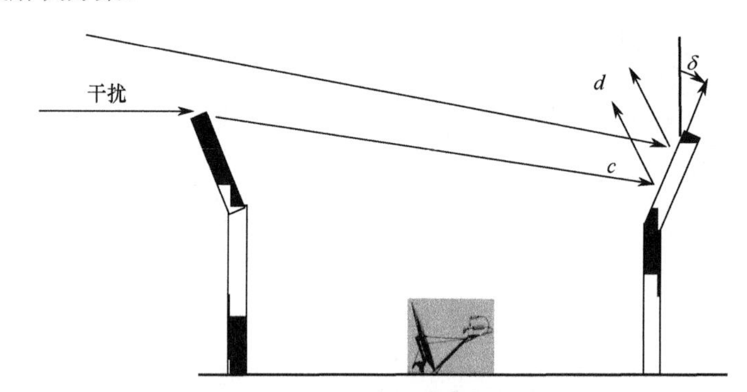

图 7-5 带斜栅栏的双重栅栏

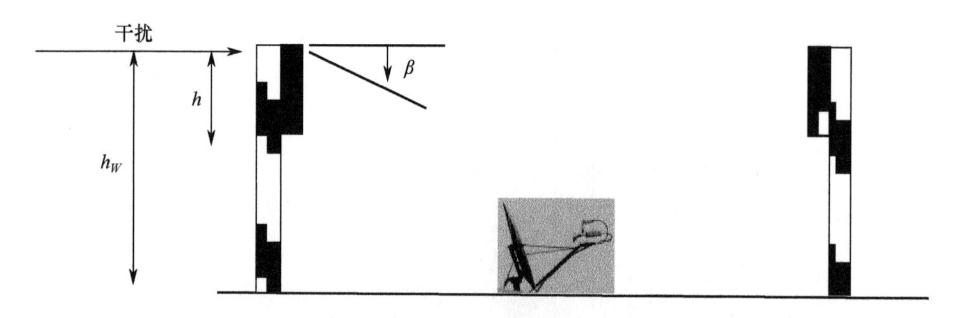

图 7-6 带斜栅栏吸收材料的双重栅栏

2. 网格屏蔽

网格屏蔽解决方案用于减轻在卫星接收地球站周围随机分布的干扰系统对卫星接收地球站的干扰。一层网格带来的信号衰减可达 30 dB，10 厘米分隔距离的双层网格的信号衰减将高达 60 dB。网格屏蔽示例如图 7-7 所示。

图 7-7　网格屏蔽示例

7.2.5　系统配置

如果多家运营商在同一地理区域相邻频段部署 TD-LTE 网络，相互之间没有进行同步及上下行时隙配比协调，那么将导致严重的相互干扰。比如，同一时刻某家运营商的基站（终端）处于发射模式，而另一家运营商的基站（终端）处于接收模式，由于发射机的带外辐射特性，以及接收机邻道选择性的非理想，可能造成接收机的底噪抬升甚至被阻塞，从而影响接收机对有用信号的接收。在此情况下，需要设置保护带和/或额外射频滤波器和/或其他干扰消除技术以降低相互干扰。

除通过设置保护带以及额外滤波器等手段以避免相互干扰外，还有一种避免 TDD 系统 BS 间以及 UE 间相互干扰的方法，即多运营商间通过协商实现 TDD 系统之间的同步运行。也就是说，多运营商 TDD 系统的基站在同一时刻均为发射或均为接收的状态[8]。这意味着必须同时满足以下两个条件：

（1）TDD 帧的起始时间必须同步；

（2）TDD 的上下行业务子帧时隙配比必须相同。特殊子帧不要求完全一致，但应基于国家推荐的特殊时隙配比方案，保证 GP 至少有两个 OFDM 符号的重合。

从频谱利用率以及设备额外改造开销的角度考虑，TDD 系统同步是实现多运营商在同一地理区域的相邻频段部署 TDD 系统最为有效的方案。因此，具有可操作性且有效的多运营商间同步解决方案，是保证 TD-LTE 系统平稳、可靠运营的关键。

7.3　2 GHz 附近 IMT FDD 与 TDD 干扰解决方案案例

7.3.1　背景

国内早已规划了 2 GHz 附近的三个 3GPP BAND（见图 7-8）：BAND1（FDD：1 920～1 980 MHz/2 110～2 170 MHz），BAND3（FDD：1 710～1 785 MHz/1 805～1 880 MHz），BAND39（TDD：1 880～1 920 MHz），并且当时已经发放了 4 个系统的牌照许可，分别为中国移动 GSM 系统（1 710～1 735 MHz/ 1 805～1 830 MHz），中国联通 GSM 系统（1 735～1 755 MHz/1 830～1 850 MHz），中国移动 TD-SCDMA 系统（1 880～1 900 MHz），中国联通 WCDMA 系统（1 940～1 955MHz/2 130～2 145MHz）。

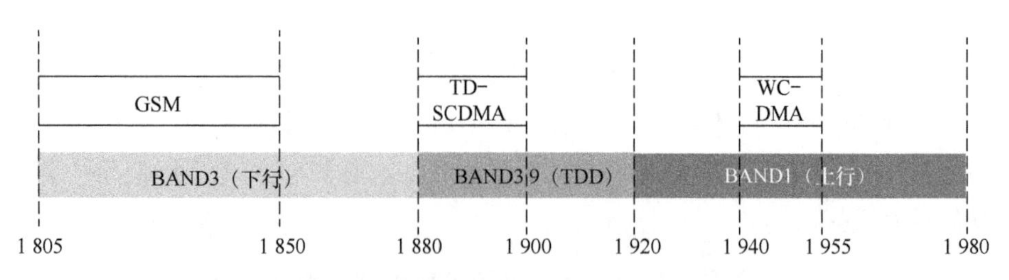

图 7-8　2 GHz 附近频段的系统划分（单位：MHz）

2015 年，国内计划发放 4G 牌照，并安排将 BAND1、BAND3、BAND39 剩余的频段颁发 LTE FDD 和 TD-LTE 牌照。但是考虑到 1 880～1 920 MHz 频

段为 TDD 系统，两侧分别为 FDD 系统的发射和接收频段，且没有保护带，必然会存在 BAND3 的基站发射干扰 BAND39 基站接收和 BAND39 的基站发射干扰 BAND1 基站接收两个方向的主要干扰场景。由于在此之前国际上没有国家同时部署这三个频段，而 3GPP 标准中也未考虑上述频段共站址部署的场景以及制定相应的基站射频技术指标[9]。为此工业和信息化部在 2015 年发布了第 80 号公告，提出了三个系统间的保护要求[10]。

7.3.2 保护要求

工业和信息化部在 2015 年第 80 号公告中制定的保护要求包括基站射频技术指标、保护带和台站设置要求三个部分的内容。本书的第 4 章中已对其进行了详细的描述。简单地归纳为：干扰系统与被干扰系统的耦合损耗不小于 50 dB；干扰系统的杂散要求不大于−65 dBm/MHz；被干扰系统的阻塞要求不小于−5 dBm。

7.3.3 对已有系统的干扰问题

虽然工业和信息化部第 80 号公告有效地解决了新建 2 GHz 附近频段的 FDD IMT 和 TDD IMT 之间的共存问题。但对于已经部署的 TD-SCDMA 和 WCDMA 依然会面临来自新上的 LTE FDD 和 TD-LTE 设备的干扰。下面以 WCDMA 受干扰为例介绍为什么会存在干扰问题。WCDMA 干扰示意图如图 7-9 所示。

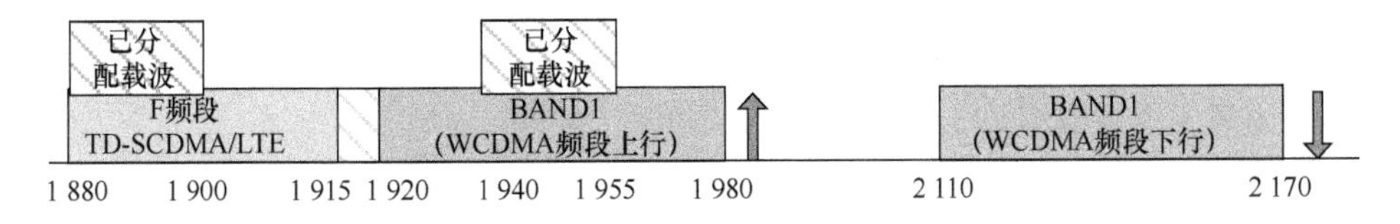

图 7-9 WCDMA 干扰示意图

从图 7-9 中可以看出，虽然 WCDMA 的载波与即将分配的 TD-LTE 载波之间间隔 25 MHz，但是射频通道的间隔只有 5 MHz，很难满足工业和信息化部的最新阻塞要求。为此，中国联通公司对两个主要供货的设备商的设备进行了阻塞性能测试。两个供货的设备商的设备阻塞性能测试数据见表 7-6。

表 7-6　两个厂家的设备的阻塞性能测试数据

有用信号功率	干扰信号类型	干扰信号中心载频	保护带	干扰信号功率（dBm）	
				厂家 A	厂家 B
−115 dBm	5 MHz E-UTRA	1 912.5 MHz	5 MHz	−17.9	−22

结果显示两个厂家的设备都无法满足工业和信息化部要求的−5 dBm 的阻塞要求。

按照以下公式计算：

隔离度=发射功率−阻塞功率

可得，基站间耦合损耗需要不小于 65 dB，才能保证 WCDMA 系统不受干扰。

而 65 dB 的耦合损耗需要垂直空间隔离距离 1.26 米，水平空间隔离距离 21.2 米，而共站的场景难以实现 21.2 米的水平空间隔离距离。

为此，国家无线电监测中心联合三大运营商在南京开展了 2 GHz 附近频段 FDD IMT 与 TDD IMT 的干扰测试，测试结果表明：

工作在 1 885～1 915 MHz 频段的 TDD 系统，可能对已经部署的 1 940～1 955 MHz/2 130～2 145 MHz 频段的 WCDMA 基站造成干扰。在所选测试区域内，由 TDD 系统引起的干扰占比约为 9.89%。

7.3.4　干扰解决方案

为了解决上述干扰问题，需要提高 WCDMA 一侧的抗干扰指标，而实现这一指标有两种方式，一种方式是在天线侧加装滤波器，另一种方式是更换符合新指标的基站设备[11, 12]。

由于该设备要在现网中使用，为了尽量降低工程实施的难度，减少配附件的数量，需要对抗阻塞滤波器的接口进行设计。目前 WCDMA 主设备厂商基本都采用 DIN 头作为 RRU 的接口，因此抗阻塞滤波器也采用 DIN 头，以保证天线和滤波器、滤波器与 RRU 之间不再需要转接头。除此之外，要保证滤波器可以直接安装在 RRU 的接口上而不需要转接线，那么需要考虑 RRU 两个接口的相对位置，要有足够的空间使得两个滤波器可以安装进去。滤波器的接口位置图如图 7-10 所示。

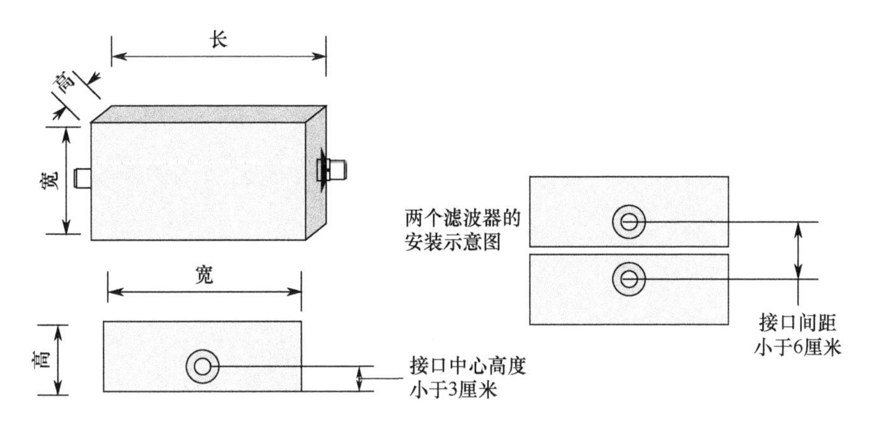

图 7-10　滤波器接口位置图

综合考虑抗阻塞滤波器的其他指标，最终确定抗阻塞滤波器的电气指标，见表 7-7。

表 7-7　抗阻塞滤波器电气指标表

频率范围（MHz）	1 940～1 980 & 2 110～2 170
驻波比	≤1.2
插入损耗（dB）	≤0.4@1 940～1 980 MHz ≤0.4@2 110～2 170 MHz
带内波动（dB）	≤0.3
带外抑制（dB）	≥60@1 880～1 915 MHz
三阶互调（dBc）	≤−150@2×43 dBm
平均功率容量（W）	300
峰值功率容量（W）	1 200
接头类型	DIN
温度要求	−40℃～80℃
防护等级	IP65

7.4　小结

在系统间隔离度要求不高，且保护要求设备易实现的场景，由国内主管机构制定合理的 RF 射频指标就可以满足系统间的干扰共存。但在部分复杂的场景中，比如邻频 FDD、TDD 场景等，需要国内无线电管理机构牵头，各方参与验证和测试，统筹考虑 RF 射频指标（含保护带、功率及带外辐射限值等）、工程隔离、改造成本等多种因素，制定综合的解决方案。方案的制定过程也是各方沟通、验证和妥协的过程。

参 考 文 献

[1] 3GPP. TS 25. 104-2010. Technical Specification Group Radio Access Network; Base Station (BS) radio transmission and reception (FDD) [S]. 3GPP, 2010.

[2] 3GPP. TS 36. 104-2010. Technical Specification Group Radio Access Network; Evolved Universal Terrestrial Radio Access (E-UTRA); Base Station (BS) radio transmission and reception[S]. 3GPP, 2010.

[3] 3GPP. TS 25. 101-2010. Technical Specification Group Radio Access Network; User Equipment (UE) radio transmission and reception (FDD) [S]. 3GPP, 2010.

[4] 3GPP. TS 36. 101-2010. Technical Specification Group Radio Access Network; Evolved Universal Terrestrial Radio Access (E-UTRA); User Equipment (UE) radio transmission and reception[S]. 3GPP, 2010.

[5] 3GPP. TS 45. 005-2010. 3rd Generation Partnership Project;Technical Specification Group GSM/EDGE Radio Access Network; Radio transmission and reception [S]. 3GPP, 2010.

[6] YD/T 2164. 1-2010. 电信基础设施共建共享技术要求 第 1 部分：钢塔架[S]. 中国通信标准化协会，2010.

[7] ITU-R SF. 1486. Sharing methodology between fixed wireless access systems in the fixed service and very small aperture terminals in the fixed-satellite service in the 3 400-3 700 MHz band[S]. ITU-R.

[8] 中国通信标准化协会. TC5_WG8_2014 相邻频带多家运营商部署 TDD 系统的共存实现方案及频谱管理策略研究报告[S]. 中国通信标准化协会，2014.

[9] 工业和信息化部. 1 800 和 1 900 MHz 频段国际移动通信系统基站射频技术指标和台站设置要求[S]. 2015.

[10] 中华人民共和国工业和信息化部公告，2015 年第 80 号. 2015-12-11[2019-12-12]. http://www.miit.gov.cn/n1146295/n1652858/n1652930/n4509607/c4536908/content.html.

[11] 王伟，聂昌. 1.9 GHz 附近频段 TD-LTE 对 WCDMA 的干扰研究[J]. 移动通信, 2015(11): 71-74.

[12] 王伟，聂昌. 2.1 GHz 频段 LTE 与 WCDMA 的干扰共存研究[J]. 邮电设计技术, 2016(6): 47-50.

第 8 章
IMT 频率重耕

近年来，随着 3G、4G 智能终端的快速普及，国内 4G 网络的快速大规模部署，移动互联网应用蓬勃增长，运营商间的移动数据业务竞争日趋激烈，国内移动数据业务呈现爆炸式增长态势，移动业务对频谱资源的需求日益增加。

为解决快速增长的业务需求，可考虑的方法主要有三大类：一是申请新增 IMT 频率；二是进一步加密基站，比如引入更多的微基站以及室分系统；三是开展存量频率的重耕，引入新一代的移动通信技术，提升存量频率的利用率。

本章主要研究和探讨运营商 IMT 存量频率重耕，包括重耕 2G 频率部署 3G 或 4G 系统，以及重耕 3G 频率部署 4G 系统的场景，探讨频率重耕过程中所需要考虑的整体策略、实施步骤，以及包括频率规划方案、系统间干扰共存评估、缓冲区设置、非标准带宽部署和动态频谱共享等一系列技术问题。最后，和大家分享一下在重耕实施过程中的一些典型的案例和经验。从用户业务和终端类型出发，预测未来的走向与趋势，制定整体频率规划和频率重耕策略，稳妥调整网络结构，优化网络能力，积极尝试创新频率配置方案和新技术。

8.1 国内移动业务发展概况

根据第 43 次《中国互联网络发展状况统计报告》，截至 2018 年 12 月，我国手机网民规模达 8.29 亿，如图 8-1 所示，较 2017 年增加 6 433 万人[1]。网民中使用手机上网的人群占比由 2017 年的 97.5%提升至 98.6%，网民手机上网比例继续攀升。

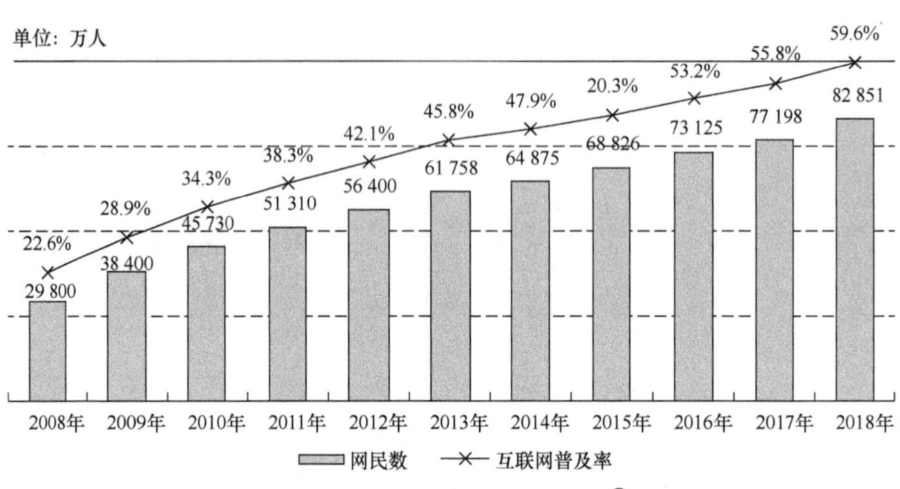

图 8-1 中国手机网民规模及比例①

根据 2018 年通信运营业统计公报[2]，2018 年移动互联网接入流量消费达 711 亿吉字节，比上年增长 189.1%，增速较上年提高 26.9%。2018 年全年移动互联网接入月户均流量达到 4.42 吉字节/月/户，是上年的 2.6 倍，12 月当月户均接入流量高达 6.25 吉字节/月/户。其中，手机上网流量达到 702 亿吉字节，比上年增长 198.7%，在移动互联网总流量中占 98.7%，成为推动移动互联网流量高速增长的主要因素。2012—2018 年移动互联网接入流量增长情况如图 8-2 所示，2018 年各月当月户均移动互联网接入流量增长情况如图 8-3 所示。

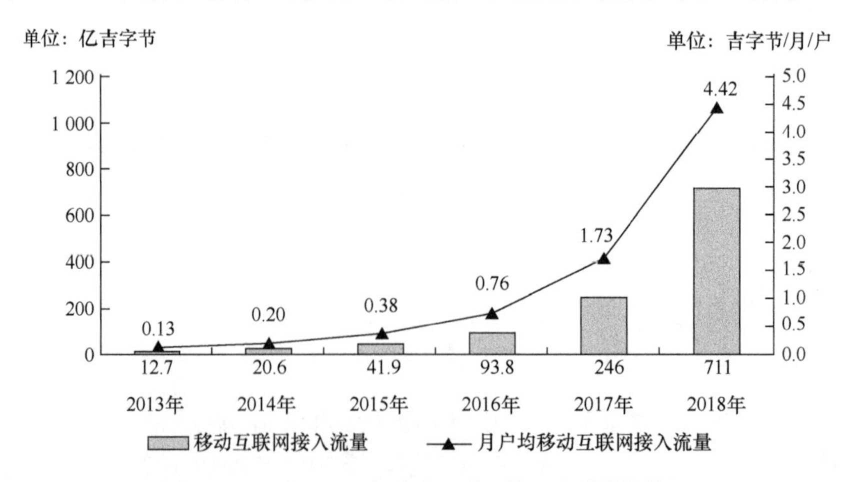

图 8-2 2012—2018 年移动互联网接入流量增长情况

① 来源：CNNIC中国互联网络发展状况统计调查。

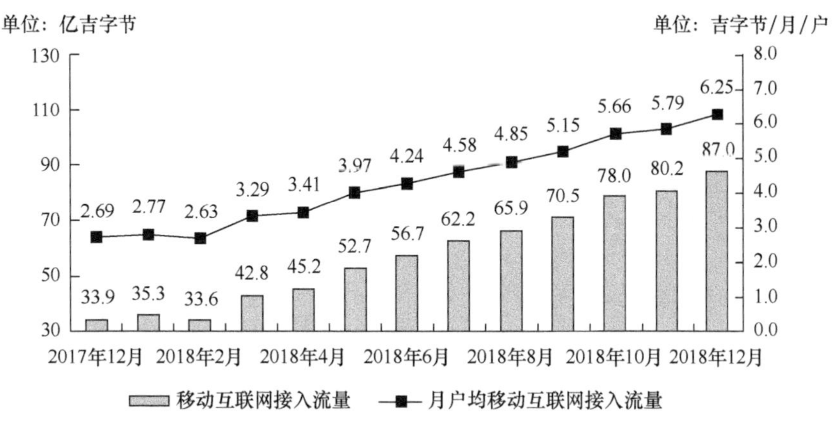

图 8-3　2018 年各月当月户均移动互联网接入流量增长情况

8.2　频率重耕主要类型

当前全球频率重耕主要分为三大类型。

1. 2G 系统向 3G 系统的重耕

全球运营商广泛应用的重耕案例是在 900 MHz 附近频段，重耕 GSM 系统部分频率用于 WCDMA 部署；根据 GSA 统计[2]，截至 2016 年 4 月，全球已经在 68 个国家和地区商用 105 张 U900 网络。

2. 2G 系统向 4G 系统的重耕

全球运营商最广泛应用的重耕案例是在 1 800 MHz 附近频段，重耕 GSM 系统部分频率用于 LTE FDD 的部署；根据 GSA 统计[3]，截至 2018 年 1 月，全球已经在 135 个国家和地区商用 317 张 1 800 MHz LTE FDD 网络，占全球 LTE 网络数量的 48.7%。

另外，在 900 MHz 附近频段，重耕 GSM 系统部分频率用于 LTE FDD，这也是部分运营商的需求及实施。根据 GSA 统计[4]，截至 2017 年 8 月，全球已经在 19 个国家和地区商用 28 张 LTE FDD 900 MHz 网络。

3. 3G 系统向 4G 系统的重耕

全球运营商广泛应用的重耕案例是在 2 100 MHz 附近频段，重耕 WCDMA

系统部分频率用于 LTE FDD 的部署；根据 GSA 统计[5]，截至 2018 年 4 月，全球已经商用超过 50 张 LTE FDD 2 100 MHz 网络。

从未来发展的角度，当前存量 2/3/4G 频率也将向 5G 或更高级制式演进，该部分的重耕研究，不在本章的研讨范围之内。

8.3 频率重耕主要步骤

保持存量系统核心业务（如 2G 语音）和网络基本稳定的前提下，积极开展新系统的部署，是频率重耕的核心目标。上述目标可通过两方面的努力来实现，一方面，利用新技术提升老旧系统的容量，比如利用 GSM AMR 半速率提升单位频率的 2G 语音容量。另一方面，可通过创新的频谱技术，比如压缩 LTE 保护带宽、非标准带宽的部署、动态频谱的共享等，实现在同一频段内，同地理区域多个系统的同时共存，提升频谱的利用率。

通常，频率重耕可以按照下面的步骤来开展：

（1）可行性研究。根据目前用户和业务情况，运营商的减频目标，网络的实际情况来评估减频后网络可否满足运营商预期的 KPI 指标。

（2）干扰共存评估。重耕后系统与原系统的共存要求评估，包括频段隔离方案、距离隔离方案等。

（3）频率重新规划和实施。制定新的频率规划，新的邻区列表，以及网络回退计划等并实施。

（4）重耕后优化。对重耕后的 2G 或 3G 网络进行再优化，并评估其可否满足运营商制定 KPI 预期。否则，回退到原来的网络。

（5）后评估和迭代。对重耕后的 2G 或 3G 网络跟踪其性能表现和业务状态，准备启动下一轮的频率重耕步骤。

8.4 频率重耕关键技术

重耕过程中必须考虑一些技术问题，比如频谱资源的分配、干扰共存的评估和缓冲区的设置，也可以考虑引入一些先进的频谱技术来提高频谱利用率，如非标带宽部署和动态频谱共享等。

8.4.1 频谱资源分配

根据运营商的频谱资源使用情况，有两种频率分配模式可选，一种为边缘频率分配，另一种为三明治频率分配。这些频率分配模式如图 8-4 所示。

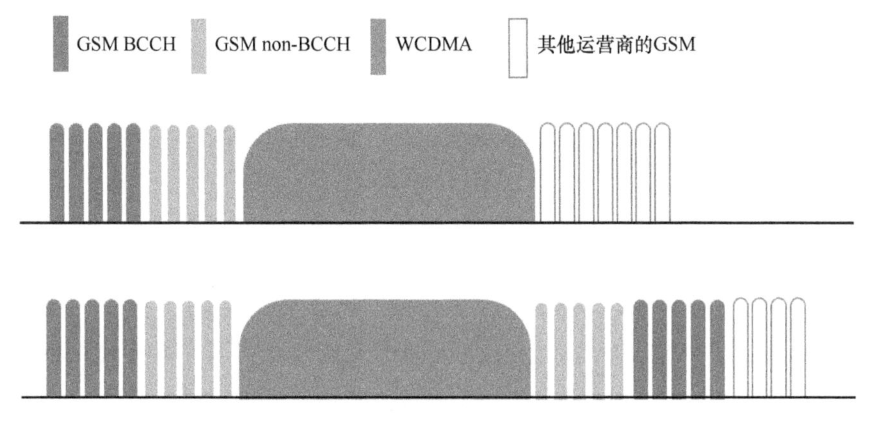

图 8-4 频率分配模式

边缘频率分配模式是将 WCDMA 或 LTE 载波放置在运营商频段的边缘。该方案 GSM 与 WCDMA 或 LTE 只需一边预留保护带。如果运营商拥有丰富的频谱资源，随着网络业务的扩展，它可以分配第二个 WCDMA 载波或更大带宽的 LTE。但该方案需要考虑与其他运营商的共存问题。

三明治频率分配模式则是将 WCDMA 或 LTE 载波放在运营商的频段内，在 GSM 载波的中间布置。这样需要增加一边的保护带，但不用考虑与其他运营商的共存问题。

8.4.2 干扰共存评估

在频率重耕实施之前，需要对重耕后系统与原系统进行干扰共存分析。3GPP 组织与 CCSA 组织的多个研究报告[8~10]中已经就相关可能存在的干扰场景进行过研究，并得出了相应的干扰共存结论。

1. GSM 与 WCDMA 干扰共存结论

当 WCDMA 与 GSM 系统不共站址，保护带为 200 kHz 时， WCDMA 与 GSM 系统可以实现共存，不需要增加抗干扰措施。

2. GSM 与 LTE 干扰共存结论

当 GSM 与 LTE 系统不共站址，保护带为 200 kHz 时，两系统可以共存，不需要增加抗干扰措施。

3. WCDMA 与 LTE 干扰共存结论

当 WCDMA 与 LTE 系统不共站址时，不需要保护带，两系统也可以实现共存。

8.4.3 缓冲区的设置

当 GSM 和 WCDMA 或 LTE 出现同频干扰时，需要空间隔离来减少同频干扰。部署了 WCDMA 或 LTE 网络的区域及其外围区域形成了一个带形区域。在这一区域，GSM 网络不能使用 WCDMA 或 LTE 频谱中重叠的频率，因此 GSM 网络容量会下降。但却减少了同频干扰带来的对网络性能的影响。缓冲区规划和设计需要基于仿真和现场流量统计，以适应当地的地形和业务情况。

8.4.4 非标准带宽部署

一般来说，大多数运营商在 900 MHz 附近频段上的资源都较少。因此，在小带宽内部署一个 WCDMA 或 LTE 载波成为各运营商面临的主要问题。而非标准带宽部署在一定程度上解决了此类问题。

由于 3GPP 在设计 WCDMA 和 LTE 网络时，充分考虑了其与相邻载波的共存问题，为每个载波预留了足够的保护间隔。在产品实现时，可以尽量挤压一部分保护间隔的空间，并对 RF 进行相应的优化，在基本保证 WCDMA 或 LTE 性能的情况下，提供一种更窄的非标准带宽部署。而采用非标准带宽部署时，三明治频率分配是首选的频率分配方案。在这种情况下，可以避免产生与其他运营商诸多干扰协商的问题。

例如，在 WCDMA 900 MHz 网络中，可以采用 WCDMA 4.6 MHz、4.2 MHz、3.8 MHz 多种带宽方案，如图 8-5 所示。

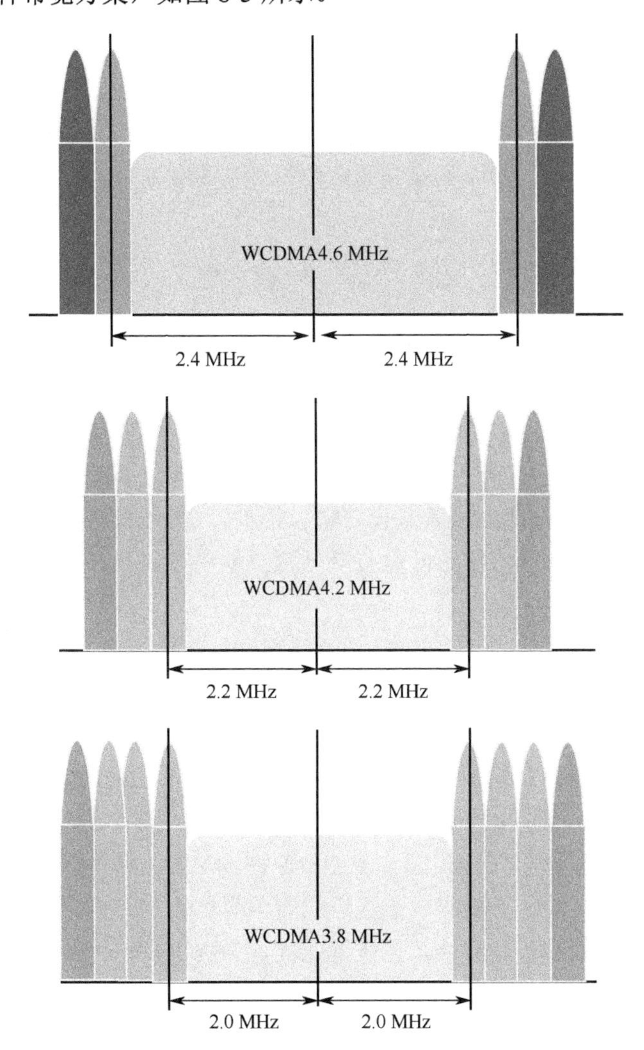

图 8-5　WCDMA 900 MHz 网络带宽方案

同样，在 LTE 系统中，也可以利用其载波的保护间隔来增加 GSM 可用载波，如图 8-6 所示。

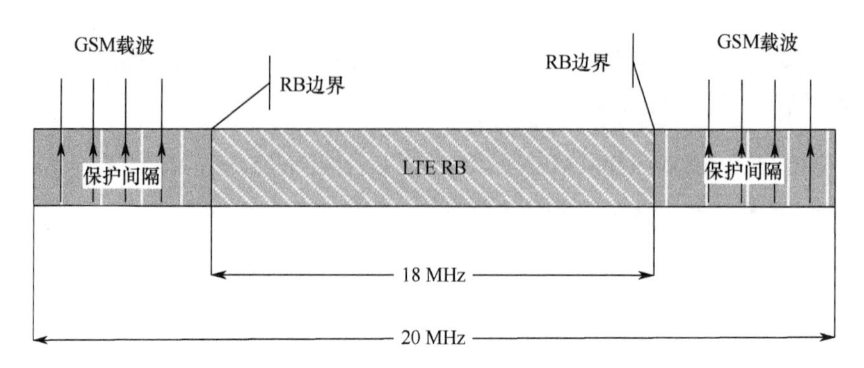

图 8-6 LTE 系统载波保护间隔利用

8.4.5 动态频谱共享

在 GSM 和 WCDMA 或 LTE 同覆盖区域内，GSM 网络可以根据两个网络的业务负载动态地与 WCDMA 或 LTE 网络共享频谱资源。这种共享机制提高了频谱效率。当 GSM 网络上的业务负载低于特定阈值时，一些闲置的 GSM 频谱资源可以退出给 WCDMA 或 LTE 网络使用。当 GSM 网络上的业务负载高于特定门限时，GSM 网络回收其频谱资源。因此，GSM 和 WCDMA 或 LTE 动态频谱共享，可以提高网络吞吐量并降低数据服务的综合成本。这也是一种重耕的过渡频率使用方案。

8.4.6 GSM AMR 半速率

传统的提升 GSM 语音容量的方式为半速率（HR）编码，使用 VSELP-5.6 kbps 的语音编码方案，约为全速率使用的 RPE-LTP 编码方案的 13 kbps 的一半，使得两路语音可以分时共享一个 GSM 物理时隙，从而实现语音容量的翻倍。该方法采用固定的随机码本来逼近语音信号的余量信号，缺乏灵活性，不能很好地控制码本的频域特性，且压缩比高，最终 5.6 kbps 中只有 2.8 kbps 为激励参数，因此对语音质量（MOS 值）有较大的影响。各运营商通常只是在应急扩容场景中考虑使用这种方案。

自适应多速率（Adaptive Multi Rate，AMR）是多种语音编解码算法的集合，允许基站和终端根据无线环境的具体状况自动选择合适的编解码算法，调整编码速率，从而有助于提高无线通信系统的语音质量，不同的编解码算法会产生不同速率的语音码流。

AMR 编码算法在 1999 年被 3GPP 写入 GSM 语音编码标准[14]，AMR 技术包括 AMR 半速率（HR）和 AMR 全速率（FR）两种，见表 8-1。

表 8-1　AMR 编码速率

编 码 方 式	源编解码器比特率
AMR 全速率	12.2 kbps
	10.2 kbps
	7.95 kbps
	7.40 kbps
	6.70 kbps
	5.90 kbps
	5.15 kbps
	4.75 kbps
AMR 半速率	7.40 kbps
	6.70 kbps
	5.90 kbps
	5.15 kbps
	4.75 kbps

AMR 全速率会连续占用连续帧的时隙，而 2 个 AMR 半速率可以共用一个连续帧时隙，占用原理等同于传统半速率的占用方法，因此，AMR 半速率可以使系统容量加倍。

在 3GPP TR 26.975 标准协议中，对各种条件下 AMR FR、EFR、AMR HR、FR 几种语音调制方式的语音质量进行了相应的仿真，其仿真效果如图 8-7 所示。

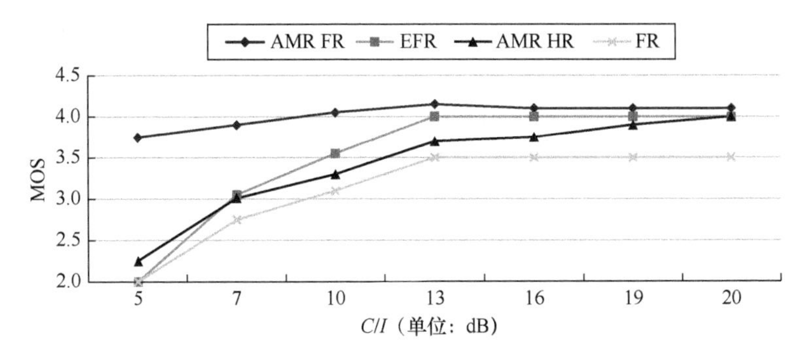

图 8-7　不同 C/I 下不同语言编码方案 MOS 性能仿真

结果表明：

（1）在高 C/I 情况下，AMR FR 语音质量基本和 EFR 的语音质量一致，有很好的语音质量。

（2）在低 C/I 情况下，AMR FR 具有更好的健壮性，语音质量也好于 EFR。

（3）AMR HR 的语音质量也总是略好于标准的 FR，但还不能完全达到 EFR 的水平。

总的来说，在各种编码方式下，语音质量的总体情况如下：AMR FR > EFR > AMR HR≈FR > HR。

2014 年，某运营商在广东省佛山市的 2G 现网中开展了不同语音编解码（EFR/ FR/AMR HR），对语音质量以及网络质量影响的实测分析，以研究和论证 G1800 缩频情况下规模开启 AMR 半速率的可行性，测试结论如下：

（1）CQT 定点测试下，EFR 语音质量最好，AMR HR 语音质量略好于 FR，都能提供高质量的语音服务；各配置下 CQT 测试结果见表 8-2。

表 8-2　各配置下 CQT 测试结果

测试类型	测试位置	长呼掉话	短呼接通率	MOS 均值
AMR HR	近点	0	100%（78/78）	3.90
AMR HR	远点	0	100%（60/60）	3.69
FR	近点	0	100%（52/52）	3.72
FR	远点	0	97.97%（96/98）	3.72
EFR	近点	0	100%（66/66）	4.02
EFR	远点	0	98.63%（72/73）	4.03

（2）在全网路测（Drive Test，DT）下，AMR HR 与 FR 整体语音质量基本相当；各配置下 DT 测试结果见表 8-3。

表 8-3　各配置下 DT 测试结果

测试类型	长呼掉话次数	短呼成功率	MOS 均值
AMR HR	0	100%（112/112）	3.49
FR	0	99.21%（125/126）	3.64
EFR	0	100%（112/112）	3.84

（3）可见，AMR HR 在语音容量可提升一倍的情况下，语音质量与全速率

（FR）基本相当。

因此，在 2G 频率重耕过程中，开通部分载波的 AMR 半速率功能可在进一步压缩 2G 频率的前提下，能够保障 2G 语音业务体验基本不受影响。

8.5 频率重耕案例

本节以某运营商 2016 年下半年存量 900 MHz、1 800 MHz 和 2 100 MHz 附近频段的频率的重耕策略为案例，进行全面、深入的剖析，对上述若干关键技术及创新方案都有涉及。频率重耕的过程也是移动网络结构优化和调整的过程。

8.5.1 2G/3G 网络频谱现状

由于历史原因，各城区 2G 网络同时由 900 MHz 和 1 800 MHz 附近频段的频率提供覆盖和容量，任何单一频段的 2G 覆盖都是不完整的，且不同城市的 G900 和 G1800 规模不一致，一线城市、二线城市的 2G 网络以 G1800 为主，三线城市、四线城市的 2G 网络以 G900 为主。因此，2G 网络同时占据了 900 MHz 和 1 800 MHz 附近的黄金频段。

各城区 3G 网络大部分在 2 载波及以上配置，少量热点地区配置到了 6 载波。

此外，针对高铁沿线的 3G 网络进行了专项优化，配置了专用载波。

8.5.2 业务发展现状

4G 网络业务量高速增长（年增长率达到了 363.9%），且随着移动视频网的快速推进，预计其 4G 业务的第二载波需求将很快到来，亟须重耕 2G/3G 频率用于 4G。

但当时 2G 网络承载了约一半的全网语音业务，且 2G 语音总量处于缓慢下降的趋势，短期内语音业务仍需两张网（2G+3G）共同承载。2016 年，3G 语音和数据处于基本平稳甚至缓慢上升的趋势，如图 8-8 和图 8-9 所示。

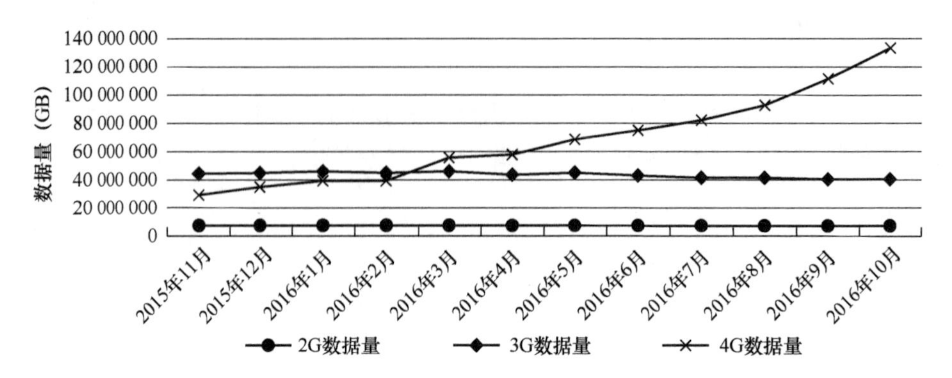

图 8-8　2015 年 11 月至 2016 年 10 月各月数据量

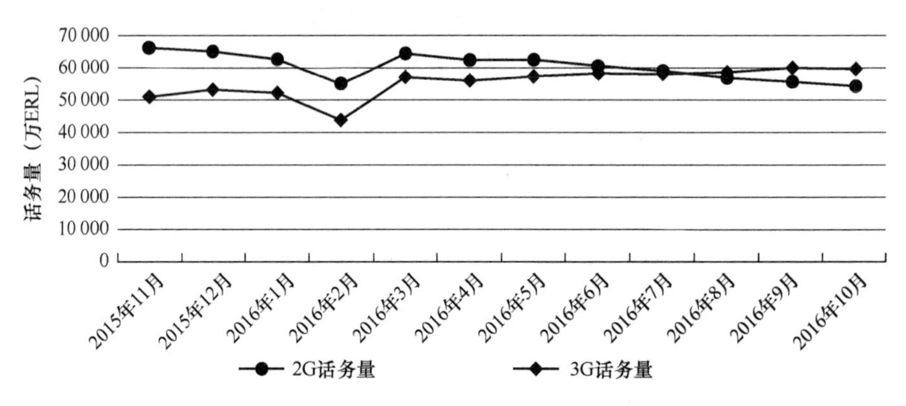

图 8-9　2015 年 11 月至 2016 年 10 月各月话务量

4G 用户 ARPU 明显高于 2G/3G 网络，2G 用户 ARPU 整体呈下降趋势，3G 用户 ARPU 约为 2G 用户的 1.7 倍。2G 终端低端化趋势明显，月消费不足 20 元的比例增加，超过 40 元消费的比例下降，近 60%的 2G 终端 ARPU 不足 10 元。2G、3G、4G 套餐终端 ARPU 如图 8-10 所示。

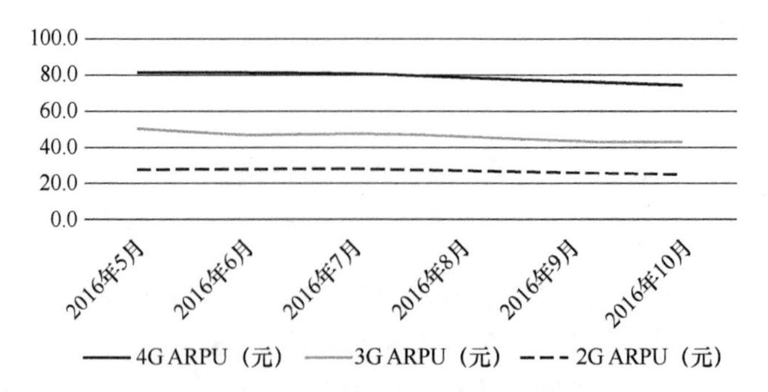

图 8-10　2016 年中部分月份的 2G、3G、4G 套餐终端 ARPU 情况

8.5.3 终端发展情况

截至 2016 年 10 月，某运营商存量移动终端约 2.64 亿，其中 2G 终端约 0.96 亿（占比约 40%）、3G 终端约 3 465 万、4G 存量终端约 1.13 亿，未识别终端约 1 739 万。2G/3G 终端占比在持续缓慢下降，4G 终端占比在持续上升。2G 存量终端异网定制终端占比接近 43%，且比例不断呈上升趋势；发达省份物联网等行业终端比例较高，如广东 2G 行业终端占比约为 13%；4G 双卡终端第二卡槽大部分仅支持 2G，导致部分用户只能使用 2G 网络；2G 新增存量终端主要是异网定制终端，该部分 2G 终端的退网周期将会较长。某运营商 2016 年部分月份 2G、3G、4G 终端数量和占比如图 8-11 所示，某运营商 2G、3G、4G 手机占比如图 8-12 所示。

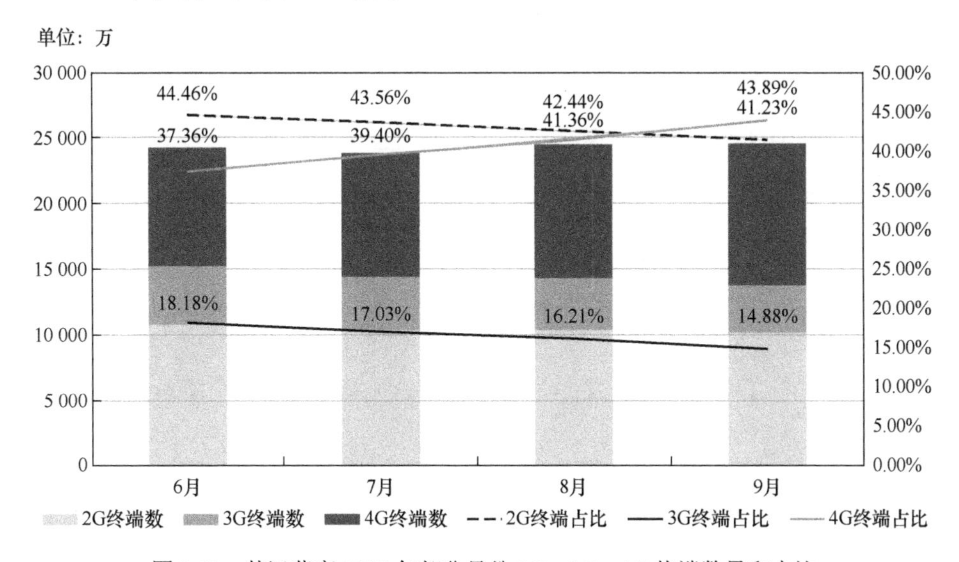

图 8-11　某运营商 2016 年部分月份 2G、3G、4G 终端数量和占比

8.5.4 重耕策略分析

重耕过程中面临的主要困难：

（1）2G 网络同时占据了 900 MHz、1 800 MHz 附近的黄金频段；

（2）2G 语音业务总量占比过高（接近一半），且下降趋势缓慢；

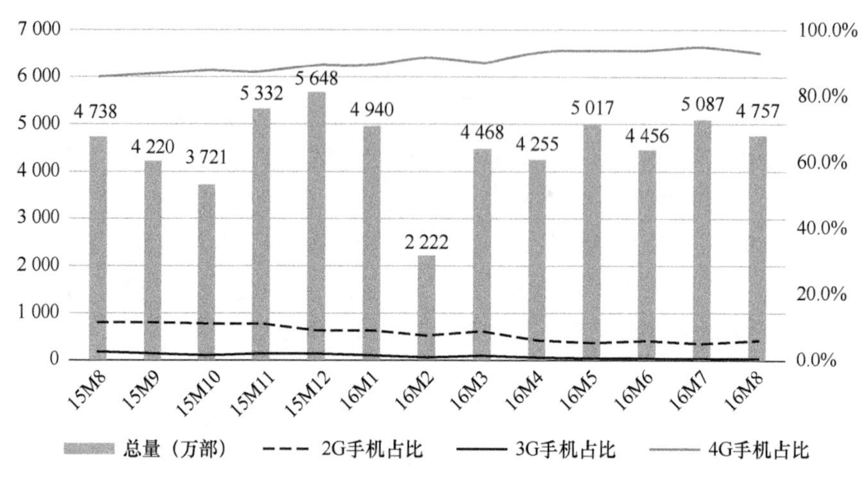

图 8-12　某运营商 2G、3G、4G 手机占比

（3）纯 2G 终端占比过高，其中异网定制终端（来源于中国移动公司）占比达 43%，且呈上升趋势，制约 2G 减容减频及退网节奏；

（4）3G 语音和数据处于基本平稳甚至缓慢上升的趋势，且 3G 网络的主要目标是满足语音业务需要；

（5）4G 业务快速增长，亟须开通第二载波。

在上述复杂的情况下，其考虑的重耕策略的核心思路是：在保障 2G、3G 核心业务基本稳定的前提下，以县、市为单位制订计划，优化调整网络结构，持续减薄 2G/3G 网络，直至 2G/3G 网络退网，整体可分为三个阶段，如图 8-13 所示。

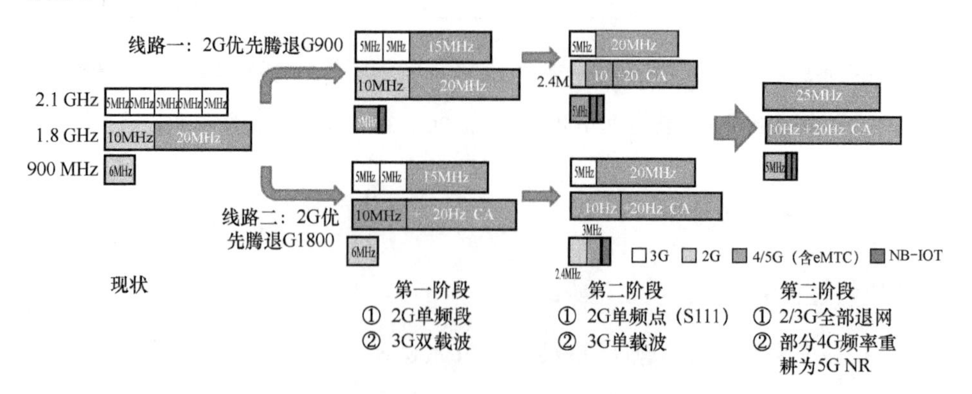

图 8-13　某运营商城区 2G/3G 频率重耕路线示意图

第一阶段：2G 网络保留单一频段覆盖、3G 网络减频至双载波配置。

各本地网根据其 G900/G1800 网络和业务现状，选择一个重耕方向。借助多模 SDR 基站将 2G 系统重耕为“单频段”网络，将腾空的 2G 频段用于 4G/4G+；在该过程中，为保障 2G 语音业务的基本覆盖及容量，建议积极利用 AMR 半速率、压缩 LTE 保护带宽（详见本书 8.5.6 节）等技术推进 2G 频率重耕。

3G 频率重耕以小区为单位，根据各小区当前实际业务量、忙时利用率和用户感知保障等稳妥推进减频工作，在第一阶段 3G 网络先减频至双载波配置，重耕出来的频率主要用于 L2100 的部署。同时可考虑应用 UL2100 零缓冲区（详见本书 8.5.6 节）等创新技术方案，最大化 L2100 网络部署范围和降低重耕实施难度。

第二阶段：2G 网络减频至单频点（S111）配置、3G 网络减频至单载波配置。

在实现 2G 单频段后，持续推动 2G 网络减容减频，目标减频至单频点 S111 网络，在 2G 退网前，实现最大化释放 2G 频率。在保留 G900 网络的城市，可以考虑应用 GL 动态频谱共享等技术，进一步提升 4G 网络的容量。在保留 G1800 网络的城市，可以考虑应用压缩 LTE 保护带宽以及 GL 动态频谱共享等技术，进一步提升 4G 网络的容量。

3G 网络进一步减频至单载波，主要满足语音业务的需求。

第三阶段：2G/3G 实现退网，单 4G 网络或 4G+5G 网络运营。

在重耕过程中，考虑到当前多模（SDR）基站已经成熟，建议新部署的基站以 SDR 为主，通过其单频段多模能力（如 GL 或 GUL 或 UL 等）实现单一频段单个 RRU，达到网络“最简化”的效果。

8.5.5 2G/3G 网络减容减频流程

根据本书 8.5.4 节制定的重耕策略，本节重点介绍 2G/3G 网络的减容减频流程。在 2G 网络单频段过程中，各本地网可根据自身的网络和业务情况，选择腾退 G900 或腾退 G1800 减频方案。

腾退 G900 方案，首先需要对 G1800 网络进行覆盖和容量两方面的评估：

G1800 网络覆盖评估：在 G1800 网络无法满足覆盖的情况下，优先考虑通过优化调整解决，优化手段无法解决的区域通过补点解决覆盖问题。

G1800 网络容量评估：容量评估过程需要充分考虑 AMR 半速率使用。如果 G1800 网络最大配置容量不足以承载现有 2G 业务的情况下，协调业务部门加快 2G 用户签转，降低 2G 网络业务，实现 G900 站点的拆除目标。

最后按照图 8-14 中的步骤逐步腾退 G900 网络。

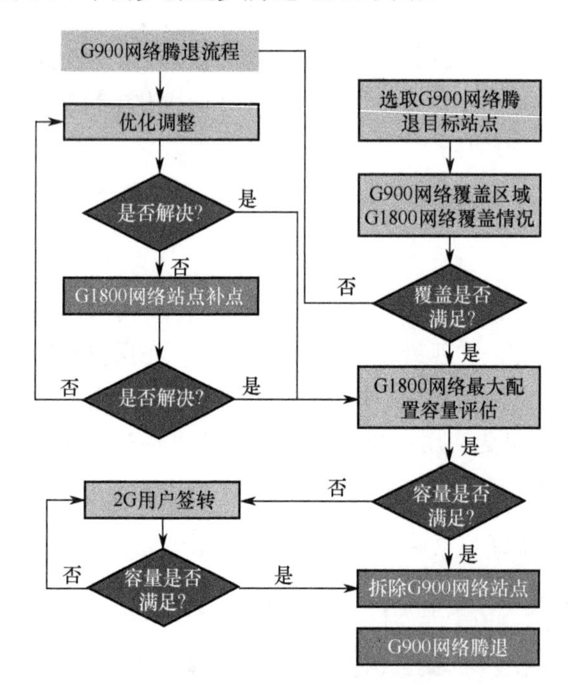

图 8-14　G900 网络腾退流程

腾退 G1800 方案，同样需要 G1800 网络进行覆盖和容量两方面的评估，并采用相应的措施，然后，按照图 8-15 中的步骤逐步腾退 G1800 网络。

3G 网络的减容减频，主要以小区为单位，依据实际业务量的情况开展。在阶段一实现 3G 网络减频至双载波配置，阶段二实现 3G 网络单载波配置。在减频过程中，建议按片区制订实施计划，按月推进；通过站址和网络拓扑、结构的合理性分析，进一步优化、调整方案；闭锁基站或扇区，同时开展周边基站的优化，观察相关指标及投诉情况；确认调整方案切实可行后，提交并实施设备拆除。

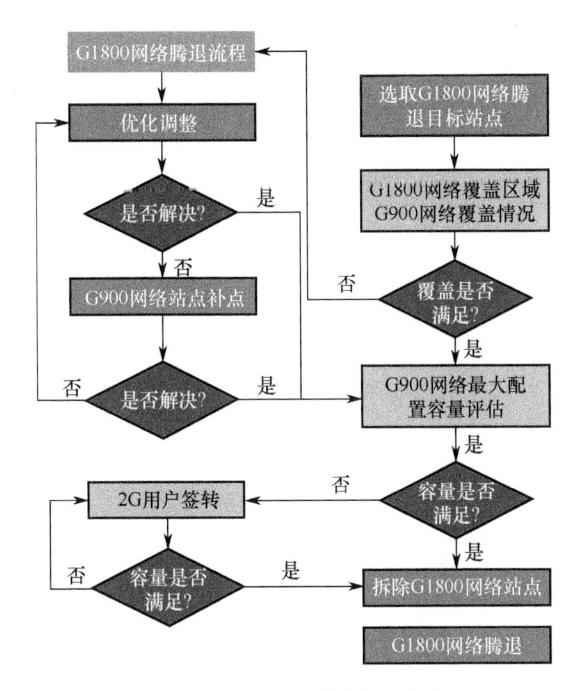

图 8-15　G1800 网络腾退流程

减频 3G 网络主要流程如图 8-16 所示。

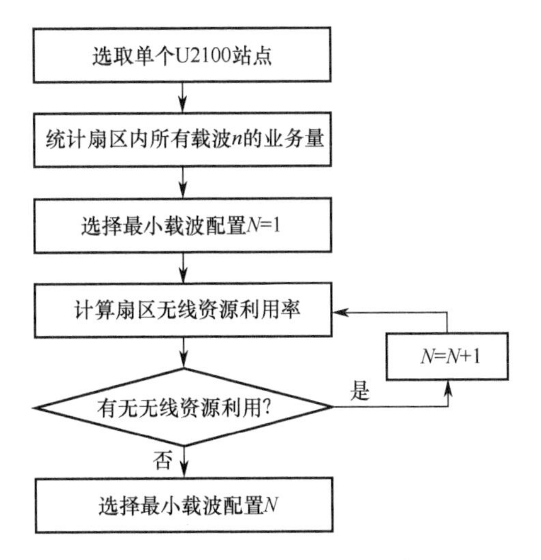

图 8-16　减频 3G 网络主要流程

在腾退过程中，主动考虑老旧设备的淘汰和替换，换成多模基站，以降低运维成本。设备淘汰替换示意图如图 8-17 所示。

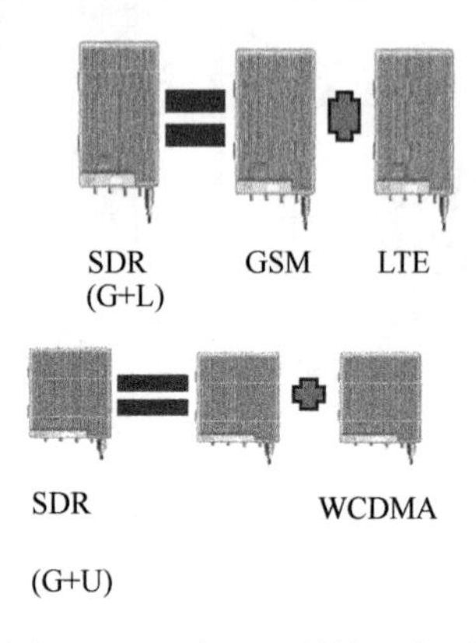

图 8-17　设备淘汰替换示意图

8.5.6　创新技术方案

1. UL2100 零缓冲区方案

在 2.1 GHz 附近频段的各个 3G 小区减容减频过程中，由于业务的不均衡，各个小区实际减频的载频数也不一样，传统的频率重耕方法下，通常需要设置一定的隔离距离来保证两个系统间能够实现共存。这个距离就是我们通常所说的缓冲区。最早 GSM 频率重耕用于 WCDMA 或 LTE 时所需要的缓冲区相对较大，少则也有几千米，这将增加网络规划和实际重耕的复杂度。

在研究 2.1 GHz 附近频段的 WCDMA 频率重耕用于 4G LTE FDD 时，采取了全新的思路[5]，创新性地提出了 WCDMA 和 LTE 零缓冲区方案，如图 8-18 所示，以 4 个载波的 WCDMA 重耕为 20 MHz 带宽的 LTE 为例，在重耕为 LTE 区域的周围紧邻一圈的基站配置为 2 个载波的 WCDMA，频率上只有 50%的重叠。

其核心的原理是，考虑到 WCDMA 与 LTE 都是宽带系统且基站的发射功率谱密度相近，预计重耕后带来的邻区干扰不会比原网络邻区带来的同频干扰大很多。再经过一定的方案设计，可以使两个系统在没有缓冲区的情况下实现邻小区异系统同频共存。

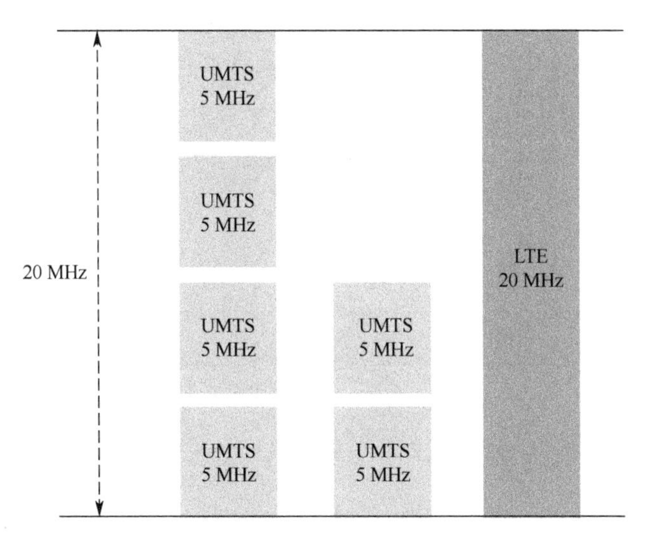

图 8-18　零缓冲区方案

针对上述方案，我们在室外宏网络和室内分布网络两大类场景，分别对重耕前后的 LTE 和 WCDMA 的上、下行性能进行了对比测试[5]。测试的结果表明，该方案在重耕后只有 WCDMA 系统的上行会受到少量影响。但是考虑移动业务上行业务量少、占空比小的特点，对上行的干扰容忍度相对较高。而且，邻区的 LTE 系统可以采用优先调度与 WCDMA 非同频的 RB 进行上行业务的方法来降低对 WCDMA 上行的影响。我们认为该方案在这两类场景中均可得到应用，尤其建议在室内分布网络场景中使用该方案。其可以配合室内分布网络从 WCDMA 到 LTE 的快速升级，而不必考虑缓冲区的问题，最大化 L2100 网络的部署范围，降低网络规划、调整和优化的工作量。

2．压缩 LTE 载波保护带宽部署 GL1800 系统

运营商在 1.8 GHz 附近频段上总共有 30 MHz 频率。在重耕的第二个阶段中，2G 网络目标减频至单频点（S111）配置，而压缩 LTE 载波保护带宽部署 GL1800 系统就是为了满足 GSM 1800 MHz 薄覆盖的前提下，还可以实现最大化的 LTE 带内载波聚合。

该方案采用压缩 20 MHz LTE 与 10 MHz LTE 载波中间间隔的 1.5 MHz 保护带，同时将 GSM 载波放置在 LTE 带宽两边的保护带内，与 LTE PRB 最小间

隔 200 kHz 的方案，实现在 30 MHz 带宽内的 20 MHz+10 MHz LTE 载波聚合并保证预留 12 个 GSM 频点可用，从而形成 GSM 单频点组网。具体的频率使用方式如图 8-19 所示。

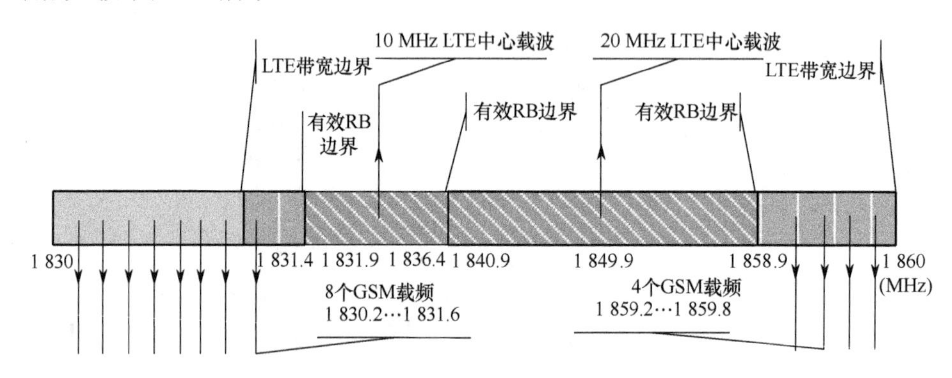

图 8-19 频率使用方式

某运营商在外场对该方案进行了网络性能验证[6]。结果表明压缩带宽载波聚合在网络性能上基本没有损失。GSM 与 LTE 在共站场景下，相互干扰影响甚微，可以实现共存。但在不共站场景下 GSM 终端对 LTE 基站存在干扰。建议该方案在共站场景下实施，或者避免在不共站场景下单 LTE 站点周围邻区的 GSM 站点使用 LTE 标称带内的频点。

3. GL900 动态频谱共享

我们在本书 8.4.5 节介绍过动态频谱共享方案，该方案可以依据 GSM 网络的业务变化情况实现 GSM 与 WCDMA 或 LTE 同覆盖区域内的频谱动态共享。某运营商在 900 MHz 设备上对 GL 的动态频谱共享功能进行了验证。下面以 GL 900 动态共享为例介绍其频率配置方案。动态频谱共享的原则是保护 GSM 载波不受干扰；在 GSM 业务量低的时候，LTE 才去调用 GSM 空闲载波或载波空闲时隙上的 PRB，来获得时频资源。

动态频谱的价值有两点：

一是提高频谱效率。GSM 组成网络至少需要 1.2 MHz 或 1.8 MHz 的频率宽度（3×3 或 4×3 的频率复用），传统的重耕方式下 LTE 是无法使用这些带宽的。但是，其实每个扇区上只有一个 GSM 载波（0.2 MHz），再加上最多两个干扰最强的邻区载波（0.4 MHz），在动态频谱共享的情况下，LTE 还能再利用其剩下的 0.6 MHz 或 1.2 MHz 带宽；在 GSM 业务负荷轻载的情况下，还能实现时隙上的共享，这样 LTE 可用的资源就会更多。

二是重耕的过程中保证 GSM 业务状态的基本稳定。在 GSM 业务一直居高不下的情况下，动态频谱共享方案是一个可考虑的过渡方案。动态频谱共享方案示意图如图 8-20 所示。

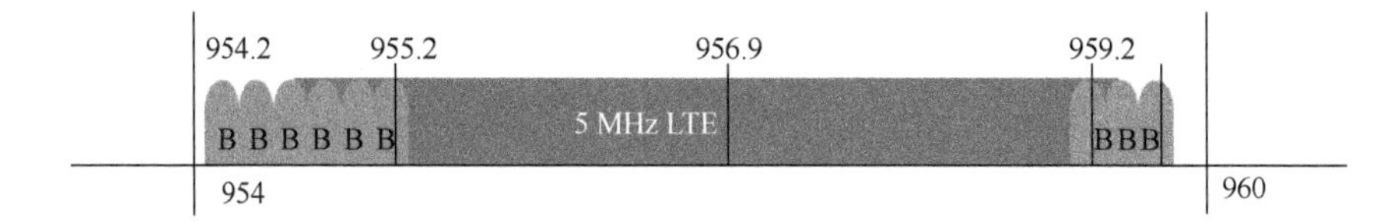

图 8-20　动态频谱共享方案示意图（单位：MHz）

针对以上方案在外场中进行了测试，结果显示：该方案相对于传统的 3 MHz LTE 网络，LTE 全天流量提升了 29%，忙时流量提升了 24%。平均用户速率提升 60%。GSM 性能略有下降，MOS 下降了 0.22，下行质量下降了 0.3%，接通率平稳。

4．非标准带宽的 WCDMA 部署

某运营商基于 3G 业务发展及低成本下乡的需求，在 2013—2014 年期间，在广覆盖地区开展了 900 MHz 附近频段频率的重耕，将部分 2G 频率重耕用于 WCDMA。受限于其 900 MHz 附近频段总计 2×6 MHz 带宽的频率，为保障广覆盖地区 2G 网络的薄覆盖，采用了三明治频率分配模式的 3.8 MHz 非标准带宽的 WCDMA 系统进行部署，保留 8～10 个 2G 频点用于 S111 组网，如图 8-21 所示。总计部署了超过 10 万站点的 900 MHz WCDMA 基站，大大拓展了 3G 网络的覆盖广度。

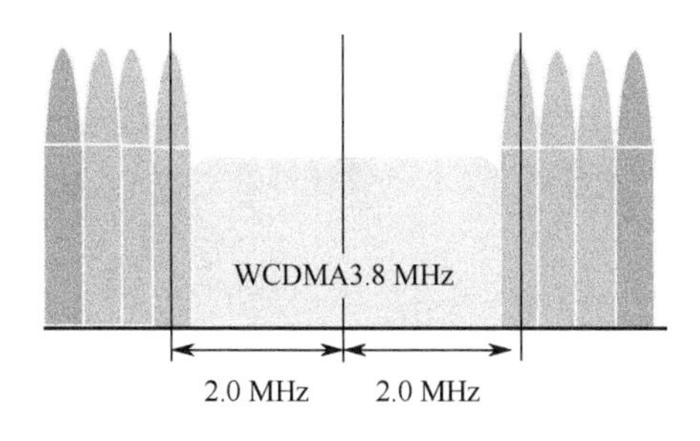

图 8-21　900 MHz 非标准 WCDMA 3.8 MHz 带宽的三明治频率方案示意图

8.6 小结

总的来说，频率重耕是各运营商解决数据业务爆发式增长的重要手段之一，未来运营商最经济、合理的组网方式也是根据各区域的实际业务量，采用高、中、低频混合组网来提供服务。当前，各运营商的存量频谱大部分都集中在 2 GHz 以内，相比于未来新增的 5G 中、高频谱，都是黄金中、低端频谱，需要持续引导和挖掘潜力。

国内某运营商的案例非常典型，基本涵盖了重耕的各个场景，重耕过程中需要考虑和受限的因素很多，中间也有很多创新的重耕技术和应用，从中工程师们可进一步思考其改进空间，以便应用到其他运营商的频率重耕实践中。

参 考 文 献

[1] 中国互联网络信息中心. 中国互联网络发展状况统计报告（第 43 次）[EB/OL]. [2019-12-12]. http:// www.cac.gov.cn/2019-02/28/c_1124175677.htm.

[2] GSA. HSPA_operator_commitments[EB/OL]. [2019-12-12]. https://gsacom.com/.

[3] GSA. LTE1800 status[EB/OL]. [2019-12-12]. https://gsacom.com/.

[4] GSA. LTE-900 report v2[EB/OL]. [2019-12-12]. https://gsacom.com/.

[5] GSA. Spectrum for LTE Snapshot[EB/OL]. [2019-12-12]. https://gsacom.com/.

[6] 中华人民共和国工业和信息化部运行监测协调局. 2018 年通信运营业统计公报[EB/OL]. 2019-01[2019-12-12]. http://www.miit.gov.cn/n1146312/n1146904/n1648372/c6619958/content.html.

[7] APT/AWG.REP-53 APT REPORT on“MIGRATION STRATEGY OF GSM TO MOBILE BROADBAND”[EB/OL]. 2014[2019-12-12]. https://www.apt.int/.

[8] TC5_WG8_2016. 移动通信频谱重耕关键技术研究[S]. 北京：中国通信标准化协会，2016.

[9] 900 MHz 频段 GSM 与 WCDMA 系统共存研究[S]. 北京：中国通信标准化协会，2014.

[10] 900/1 800 MHz 频段 GSM 及 LTE（FDD/TDD）系统共存研究[S]. 北京：中国通信标准化协会，2014.

[11] 3GPP TR 36.942 3rd Generation Partnership Project; Technical Specification Group Radio

Access Network; Evolved Universal Terrestrial Radio Access (E-UTRA); Radio Frequency (RF) system scenarios[S]. 3GPP, 2017.
[12] 王伟，王新刚，李新玥，聂昌. 2.1 GHz 频段 LTE 与 WCDMA 零缓冲区方案研究[J]. 邮电设计技术, 2017（12）：43-46.
[13] 王伟，荣耀，聂昌. LTE 压缩带宽载波聚合及与 GSM 频谱共享方案研究[J]. 邮电设计技术, 2016（09）：24-28.
[14] 3GPP. TS 06. 74-1999 V7.0.0. Test sequences for the GSM Adaptive Multi Rate (AMR) speech codec[S]. 3GPP, 1999.

第 9 章 5G 频率及部署探讨

根据美国高通公司 2017 年发布的《5G 经济研究报告》预测，到 2035 年，5G 将在全球创造 12.3 万亿美元的经济产出，全球 5G 价值链将创造 3.5 万亿美元产出，同时创造 2 200 万个工作岗位。全球各主要国家和地区早已将发展 5G 提升到了前所未有的战略高度，积极布局 5G，希望在 5G 时代掌握主动权。

频谱作为 5G 部署的关键资源，是各国政府优先考虑推动和规划的内容，也是各运营商十分关注和重点研究的内容之一。

本章将介绍全球各主要国家及地区的 5G 频率规划的最新进展，探讨 5G 部署初期的主要业务和定位，并针对运营商部署 5G 的几个关键因素进行深入分析，然后以一个案例给出了 5G 频率定位和部署的策略建议。

9.1 全球 5G 频率规划与进展

1. 美国：率先发布毫米波频谱，积极部署中、低端频谱

高端频谱：FCC 分别在 2016 年 7 月、2017 年 11 月和 2018 年 6 月发布了三份文件[1~2]，共计规划了 5.55 GHz 带宽的授权频率（24.25～24.45 GHz、24.75～25.25 GHz、27.5～28.35 GHz、37～40 GHz、47.2～48.2GHz）和 7 GHz 带宽的免授权频率（64～71 GHz）。

中端频谱：2017 年 8 月，FCC 公开征求意见，推动将 3.7～4.2 GHz 等频段中的部分频率用于 5G；2017 年 10 月，FCC 将 3.55～3.7 GHz 频段以共享方式使用，分为三个接入等级；2018 年 7 月，FCC 启动对 3.7～4.2 GHz 频段的

卫星地球站进行核查等后续工作。

低端频谱：2017 年 5 月，FCC 完成了 600 MHz 附近频段频谱的重拍卖，总计 70 MHz 频谱（617～652 MHz /663～698 MHz）。

2. 欧洲：制定统一频谱战略，基本完成 26 GHz 附近频段的规划

2018 年 7 月，统一对外发布和更新了欧洲地区的 5G 频谱路线图[3]：

高端频谱：优先 24.25～27.5 GHz 频段，同时考虑 40.5～43.5 GHz，以及 66～71 GHz；

中端频谱：3 400～3 800 MHz，1.5 GHz 附近频段（技术中立，可用于 5G，不考虑 AAS 的应用）；

低端频谱：700 MHz 附近频段，800 MHz 附近频段（技术中立，可用于 5G，不考虑 AAS 的应用）；

同时，欧盟正在开展存量频率重耕用于 5G 的技术研究，包括 900 MHz、1.8 GHz、2.1 GHz、2.6 GHz 附近等频段，未来还将考虑 2.3 GHz 附近频段。

此外，欧盟全球首个发布了 26 GHz 附近频段的 ECC 决议[4]，明确规划了 24.25～27.5 GHz 频段用于 5G 毫米波，在 2020 年年底之前至少投入 1 GHz 带宽用于 5G，同时为了保护相关的邻频在用业务，对 26 GHz 附近频段的射频指标进行了限定。

3. 韩国：完成首批 5G 中、高端频谱拍卖

2018 年 6 月，韩国主管机构，完成了首批 5G 频谱拍卖，拍卖的结果如图 9-1 所示。

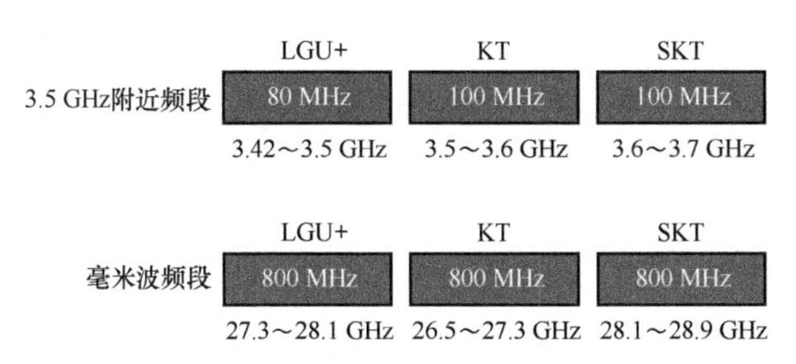

图 9-1　韩国 5G 频谱拍卖结果

4. 日本：完成首批5G中、高端频谱分配

2019年4月，日本总务省（MIC）发布了5G中、高端频谱的分配结果，如图9-2所示。

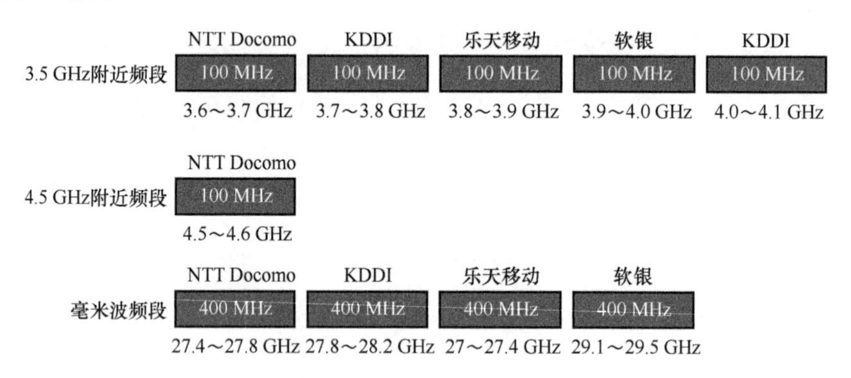

图9-2　日本5G频谱分配结果

5. 中国：批复5G试验频率，全球最多的5G系统中端频谱资源

高端频谱：2017年6月，工业和信息化部公开征集在毫米波频段规划第五代国际移动通信系统（5G）使用频率的意见，包括24.75～27.5 GHz、37～42.5 GHz等毫米波频段的5G系统频率规划的意见。预计在2020—2021年，国内主管机构将适时发布部分毫米波频段的规划。

中端频谱：2018年12月，工业和信息化部向国内三大运营商正式批复5G试验频率。我国5G中端频谱试验频率分配结果如图9-3所示。

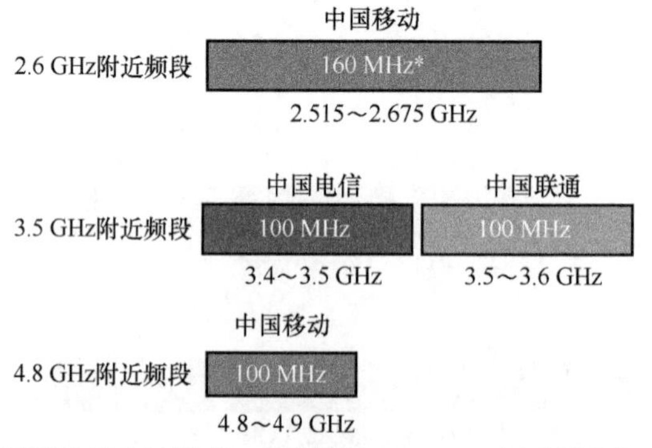

图9-3　我国5G中端频谱试验频率分配结果

中国电信获得 3 400～3 500 MHz 共 100 MHz 带宽的 5G 试验频率。中国移动获得 2 515～2 675 MHz、4 800～4 900 MHz 频段的 5G 试验频率。其中，2 515～2 575 MHz、2 635～2 675 MHz 和 4 800～4 900 MHz 频段为新增频段，2 575～2 635 MHz 频段为中国移动现有 TD-LTE（4G）频段，2 555～2 575 MHz 和 2 635～2 655 MHz 分别为中国联通和中国电信现有 TD-LTE(4G)频段。中国联通获得 3 500～3 600 MHz 共 100 MHz 带宽的 5G 试验频率。在全球率先实现了为三家运营企业分别许可至少连续 100 MHz 带宽频谱资源，当时所许可的 5G 系统中端频谱资源总量在全球国家和地区中属于最多的。

9.2　5G 频率规划及部署关键因素分析

9.2.1　5G 初期主要业务及定位探讨

根据 ITU-R M.2083 建议书[5]，5G 定义了三大应用场景：增强移动带宽（eMBB）、海量机器类通信（mMTC）以及超高可靠低时延通信（uRLLC）。5G 三大应用场景示意图如图 9-4 所示。

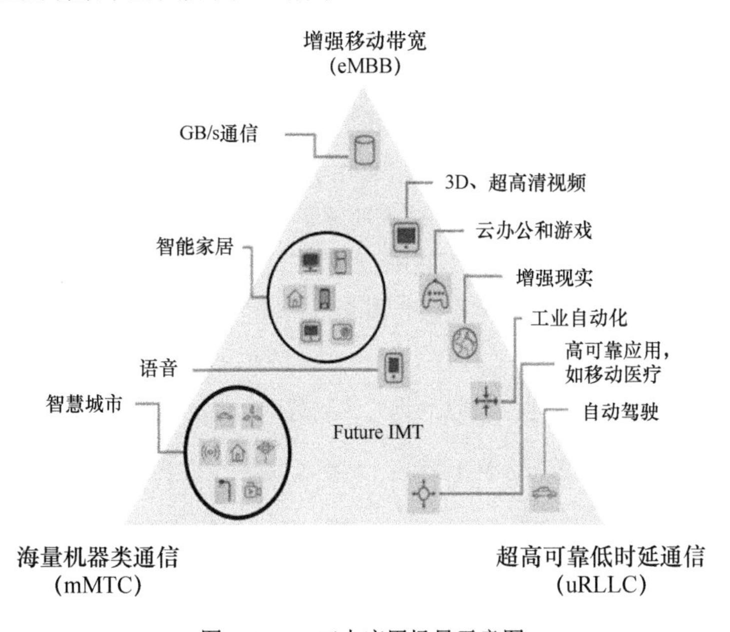

图 9-4　5G 三大应用场景示意图

从广义的 5G 网络和频谱来看，上述三大类业务都是需要满足和解决的。但 5G 部署初期，尤其在新分配的 5G NR 频谱上，主要解决哪些业务的需求呢？下面将进行探讨。

根据 2018 年 3 月召开的 3GPP RAN 第 79 次全会主席报告[6]：

（1）3GPP 正式明确了"5G NR 与 eMTC/NB-IoT 将应用于不同的物联网场景"。

（2）在 Rel-16 协议中，5G NR mMTC 的应用场景不会涉及低功耗广域覆盖（LPWA）场景，eMTC/NB-IoT 仍然将是低功耗广域覆盖的主要应用技术。

（3）在 Rel-15 协议支持 NR 与 eMTC/NB-IoT 的 in-band 部署的基础上，以保障终端前向兼容性为前提，在 Rel-16 协议中将继续研究 NR 与 eMTC/NB-IoT 共存的性能增强方案。

（4）eMTC/NB-IoT 也将支持与 5G 核心网的对接，3GPP 下设工作组将开展相关研究和输出。这标志着，在 3GPP 协议中，eMTC/NB-IoT 已经被认可为 5G 的一部分。或者说，5G 初期（2019—2021 年）的海量机器类通信（mMTC）将主要由当前 NB 和 eMTC 技术及网络满足，其产业链也更为成熟。如果有新的物联网业务需求，超出 NB 和 eMTC 能力的，将由 5G NR 来解决，前提也是需要有运营商明确提出相关需求，并在 3GPP 立项推动相关标准化工作，当前在 3GPP Rel-16 版本中还不会包含新 mMTC 空口的标准化事项。

接下来分析、探讨 uRLLC 业务。车联网作为 uRLLC 业务的典型代表，对运营商网络覆盖的广度提出了较高的要求。目前，车联网通信技术分为 IEEE 802.11p 专用短程通信技术（DSRC）和 3GPP 基于蜂窝技术的车辆通信（C-V2X）两个阵营。当前 IMT 产业链及运营商更倾向于采用 3GPP C-V2X 的车联网技术。

3GPP C-V2X 的标准化可以分为三个阶段，如图 9-5 所示。

（1）支持 LTE-V2X 的 3GPP Rel-14 版本标准已于 2017 年 3 月正式发布。

（2）支持 LTE-V2X 增强（LTE-eV2X）的 3GPP Rel-15 版本标准于 2018 年 6 月正式完成。

（3）支持 5G-V2X 的 3GPP Rel-16 版本于 2018 年 6 月启动研究，预计 2020

年完成。

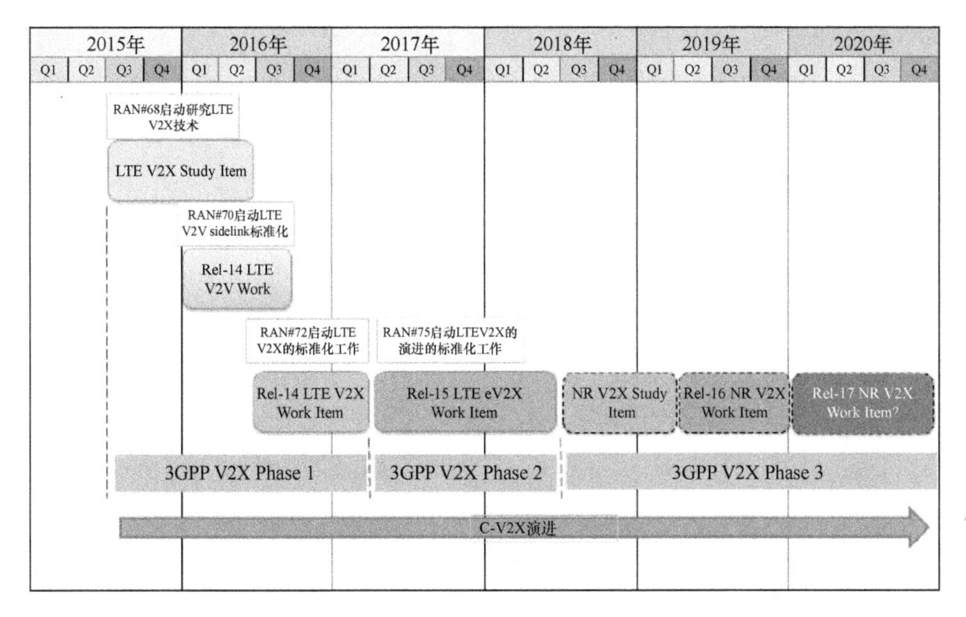

图 9-5 3GPP C-V2X 三个阶段的标准化示意图

LTE-V2X 及 LTE-eV2X 面向基本安全类及增强安全类业务，5G NR 面向全自动驾驶，三者是互补关系，而非替代关系，如图 9-6 所示。

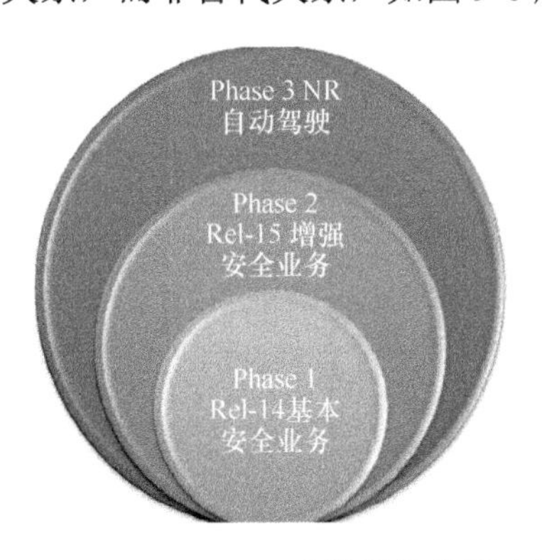

图 9-6 3GPP C-V2X 三个阶段的关系示意图

业内多个厂家已经发布了基于 3GPP Rel-14 版本的商用芯片。基于 5G 新空口（New Radio，NR）蜂窝网络的 C-V2X 被称为 NR-V2X。其 V2X 空口和核心网技术的标准化于 2018 年开始，主要面向全自动驾驶及未来车联网需求，并在 2019 年年底完成了 3GPP Rel-16 版本（支持 5G NR V2X）的标准化工作。

因此，从车联网应用场景上，基于 5G NR 的 V2X 与基于 LTE 的 V2X 已做了区分。从商用时间上，基于 5G NR 的 V2X 技术比 LTE-V2X 晚 3～5 年。

作为 uRLLC 最典型的业务代表和需求，笔者预计 3 年内（2019—2021 年），国内车联网的应用（基于 C-V2X）都将主要在 5.9 GHz 专网上寻找解决方案。

对于其他 uRLLC 应用场景，如医院、工厂、体育场馆等，相比于车联网的广覆盖需求特性，运营商可以根据实际业务推动情况，针对其特定区域、场景和需求，提供相应的 5G 解决方案，无须在 5G 初期（2019—2021 年），在整网架构和全网层面具备提供端到端超低时延（比如 1ms）网络的能力。

相比于 mMTC 及 uRLLC，eMBB 作为 5G 的三大应用场景之一，对国内运营商而言，是实实在在的硬需求，且能够给运营商带来稳定的现金流。

根据国内三大运营商 2014 年至 2018 年年报数据[7~21]，其移动用户中平均每户每月上网流量（Dataflow of usage，DOU）的增长趋势如图 9-7 所示，2018 年电信、移动、联通用户的 DOU 分别为 2014 年的 39 倍、25.4 倍和 43.8 倍，年平均增长率分别约为 149.9%、124.4%和 157.3%。

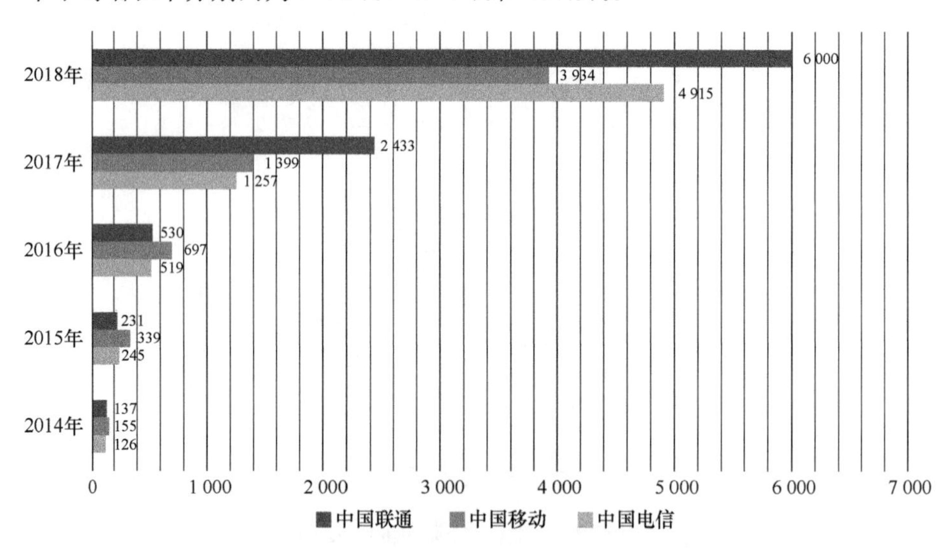

图 9-7　2014—2018 年国内三大运营商手机用户 DOU 增长趋势（单位：MB）

从图 9-7 可知，2018 年，中国电信全网手机用户 DOU 达 4.915 GB，同比增长 291%；中国移动全网手机用户 DOU 达 3.934 GB，同比增长 181.2%，12 月单月 4G DOU 达到 6.6 GB；中国联通全网手机用户 DOU 达到约 6 GB，同比增长 146.6%。

随着国内不限流量套餐的逐步普以及国家提速降费的整体要求，国内手机用户的 DOU 还将持续快速增长；运营商的网络将面临更加严峻的扩容压力。因此，分流 4G 高业务量区域，增强数据业务核心竞争力是国内运营商部署 5G 网络的重要驱动力。

综上所述，总结如下：

（1）5G 初期（2019—2021 年），mMTC 类业务主要依靠 4G 网络（NB+eMTC）提供；

（2）对 uRLLC 要求最高的车联网业务（基于 C-V2X），将主要由 5.9 GHz 专用网络提供，而医院、体育场馆等低时延高带宽业务的需求，可以通过局部的 5G NR 网络部署，配合 MEC 等满足其需求；

（3）eMBB 将是国内各大运营商在 5G 部署初期最为明确的刚需。

9.2.2 降低每比特成本关键因素分析

除技术、竞争驱动因素外，5G 能否降低每比特（bit）数据成本，也是运营商部署 5G 的重要考虑因素。表 9-1 是 4G/5G 单基站每比特成本的初步测算对比结果。

基于上述假设和计算，5G 单基站每比特成本约为 4G 单基站的 1/7 至 1/9。

如果要能实现 5G 整网的每比特成本具有上述优势，还有以下五个方面的关键因素：（1）选择合理的部署区域；（2）规划合理的边缘速率；（3）上行增强技术；（4）频谱带宽；（5）5G 设备集中采购及共享。

接下来针对上述五个方面的关键因素进行分析和探讨。

1. 选择合理的部署区域

4G/5G 单小区每比特成本对比的重要潜在假设是单小区 4G/5G 的流量都很大，接近单小区的极限容量。从单站的 CAPEX 和 OPEX（主要考虑电费）来看，笔者估计 5G 单站部署 TCO（CAPEX+OPEX）约为 4G 的 3～4 倍。如果 5G 部署小区的流量本身就不高，或者初期受限于 5G 终端渗透率等因素，5G

初期小区流量上不来，那4G/5G每比特成本的对比结果就不是上述的情况了。

表9-1　4G/5G单基站每比特成本对比分析

参　　数	4G	5G
频点	1.8 GHz	3.5 GHz
带宽	20 MHz	100 MHz[1]
调制	64 QAM	64 QAM[2]
MIMO	2×2	64T64R，16流
TDD时隙比	—	7∶3
小区（理论）峰值吞吐量	150 Mbps	约4 Gbps
单小区的基站、传输等设备和维护成本比例假设	1[3]∶（3至4）	
单站比特成本比较	约（7至9）∶1	

注：1. 根据3GPP协议，6 GHz以下，5G NR单载波最大支持带宽为100 MHz，且国内三大运营商5G的试验频率都有100 MHz连续频谱；

2. 5G支持256 QAM，且现有设备支持，但是只能在很小的范围内正确解调，本计算过程中，5G下行调制方式以64 QAM计算；

3. 假设5G NR单站价格是4G单站价格的3～4倍，单站的传输设备成本、运行成本（比如耗电等）等也是LTE的3～4倍。

根据本节前面内容的分析，5G初期主要面向eMBB业务，各运营商3G/4G网络本身就是一张移动数据网络。由于人流量不均衡、用户使用习惯不同等因素，3G/4G网络的每基站业务分布都是很不均衡的，但其流量分布都有一个类似的规律，网络前30%～40%的基站集中了全网70%～80%的业务量。从整网的角度看，预计5G网络也会具有类似的特征。

同时考虑到5G单基站成本（CAPEX+OPEX）都要数倍于4G基站，因此当前4G网络单站流量处于前30%～40%基站的区域或至少已经部署了4G现网双载波及以上的区域，是5G部署初期（1～2年内），新增NR频段（如3.5 GHz附近、2.6 GHz附近等）优先考虑的部署范围。

2. 规划合理的边缘速率

规划合理的5G初期边缘速率，对于5G组网的规模和成本影响较大。手机视频、AR、VR是业内讨论5G eMBB类的典型业务应用。从5G网络规划和设计的角度来看，需要定义一个全网都需要满足的标称类业务或边缘能力要求，比如：3G时代，CS64K曾经作为WCDMA网络规划和设计的标称业务；4G时代，上行1Mbps/下行4Mbps是国内某运营商LTE FDD网络的边缘能力要求。在 5G 部署初期，笔者认为手机视频类业务仍将是 5G 初期网络规划和设计主要考虑的 eMBB 类标称业务。相比于 4G 网络，5G 网络将支持更高清晰度和分辨率的手机视频。5G 网络的 AR、VR 业务预计主要在一些局部区域（如体育、游戏场馆等）有明确需求，短期内还不会上升至全网边缘能力要求。

在明确了手机视频作为 5G 标称业务后，自然会产生第二个问题，即 5G 网络需要支持多少分辨率的手机视频业务。

在 iPhone 4 时期，苹果提出了“Retina（视网膜）”概念：在用户视力正常的情况下（20/20），当手机屏幕像素密度达到 326 每英寸像素（Pixels Per Inch，PPI）及以上时，肉眼便无法分辨出像素点。乔布斯曾表示：“当像素密度超过 300PPI 时，人眼就无法区分出单独的像素。因此像素密度达到 326PPI 的 iPhone 4 具备非常优秀的显示功能，不会再出现颗粒感。”

手机 PPI 计算公式如下：

$$\text{PPI}=\sqrt{(X^2+Y^2)}\ /Z \tag{9.1}$$

式中：X 是长度像素数；Y 是宽度像素数；Z 是屏幕尺寸。

表 9-2 为不同视频质量下的分辨率指标。

表 9-2　4G/5G 不同视频质量下的分辨率指标

720P 分辨率	1 080P 分辨率	2K 分辨率	4K 分辨率
1 280×720	1 920×1 080	2 560×1 440	3 840×2 160

根据式（9.1）不同尺寸手机屏幕下的计算结果见表 9-3。

表 9-3　不同尺寸手机在不同视频分辨率下的 PPI 计算结果

分辨率 / PPI / 屏幕大小	720P 分辨率	1 080P 分辨率	2K 分辨率	4K 分辨率
4 英寸手机屏幕	359.22	550.73	734.30	1 101.45
5 英寸手机屏幕	287.38	440.58	587.44	881.16
6 英寸手机屏幕	239.48	367.15	489.53	734.30

从表 9-3 可以看出，手机分辨率在 1 080P 就可以满足 6 英寸手机+“视网

膜”标准的屏幕的需求。因此在 5G 初期，即使考虑一定的冗余量，运营商 5G 网络的边缘能力支持到 1 080P 或 2K 分辨率的能力即可，再往上提升边缘手机业务支持能力，在手机用户侧，视频业务体验差别不明显。

接下来就是要考虑 1 080P 或 2K 手机视频业务，对应的网络边缘速率需求。根据《中国联通极致体验视频网建设标准白皮书》[22]中的方法和基于联通现网的数据，计算给出了不同视频质量及卡顿要求下，对网络下行速率的要求见表 9-4。

表 9-4　不同手机视频业务的典型码速率需求

视 频 质 量	360P	480P	720P	1 080P	2K	4K	8K
典型码速率要求（Mbps）	0.54	0.6	1.5	3	6	21	90
无卡顿速率要求（Mbps）	0.65	0.72	1.8	3.6	8	27	110
4 秒缓冲速率要求（Mbps）	0.92	0.79	2.55	5.71	10	NA	NA
3 秒缓冲速率要求（Mbps）	1.39	1.22	3.97	8.5	16	NA	NA
2 秒缓冲速率要求（Mbps）	2.79	2.75	8.94	20.57	40	NA	NA

从上表可知，下行 10 Mbps 的边缘速率可以满足 1 080P（3 秒缓冲）；下行 20 Mbps 的边缘速率可以满足 2K 业务（3 秒缓冲）的需求。当前 4G 网络，以国内某运营商为例，其网络设计和要求的边缘速率为上行 1 Mbps，下行 4 Mbps，基本可满足边缘用户 720P 的手机视频业务。

考虑到各运营商4G现网的上行业务的实际负荷相对都比较低，在5G初期，手机视频类业务的上行需求与 4G 现网基本一致，网络的边缘速率可考虑为上行 1 Mbps/下行 10～20 Mbps。

3. 上行增强技术

移动通信频段越高，其传播特性相对越差，单位路径损耗也越大。同时在同一个频段内，相比于基站下行，基站上行通常是覆盖受限的方向。在 5G 时代，引入 Massive MIMO 技术后，针对下行将会产生更大的波束赋形增益，进一步加大了上、下行覆盖能力的差别。3.5 GHz 5G NR 上、下行及 LTE 低频覆盖能力示意图如图 9-8 所示，当 5G 基站（3.5 GHz 附近频段）与 4G 基站（低频段，如 1.8 GHz、900 MHz 附近等）共站址部署时，受限于 5G 上行覆盖能力，如果要实现与 4G 区域的同等覆盖，还需要加密 5G 站址才能达到 4G 低频段的同等覆盖区域，这就意味着运营商需要进一步增加 5G 建网成本来提高 5G 上行覆盖。

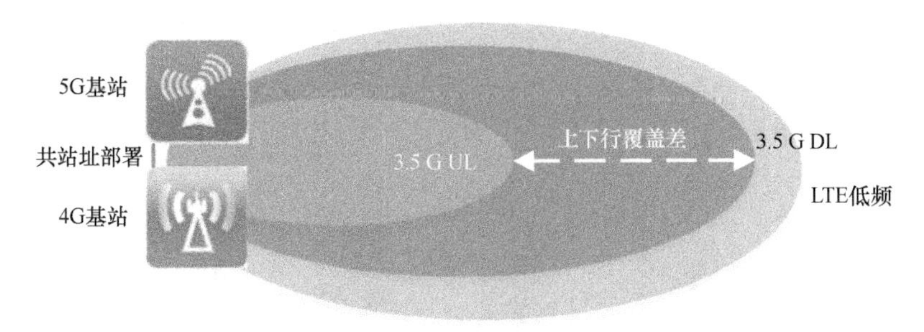

图9-8　3.5 GHz 5G NR上、下行及LTE低频覆盖能力示意图

如何在基本不降低5G用户体验的情况下，减少5G站址部署密度，是各大运营商、主设备厂家以及3GPP的研究热点，当前，3GPP主要提出了两大类解决方案。

方案一，UL上行共享以及辅助上行增强（SUL）：

（1）上行覆盖不受限的区域，5G业务的上、下行都在NR载波（如3.5 GHz附近频段）传输；

（2）上行覆盖受限的区域，5G业务的下行在NR载波（如3.5 GHz附近频段）传输，5G业务的上行在低频载波（如1.8 GHz附近频段等）传输。

方案二，NR的载波聚合（CA）：

直接通过5G NR的跨频段（如1.8 GHz+3.5 GHz等附近频段）载波聚合，实现拓展5G上行业务的覆盖能力。

上述两类方案都已写入3GPP Rel-15版本。

以国内某运营商1.8 GHz频段LTE FDD网络为例，假设3.5 GHz 5G NR基站与1.8 GHz LTE FDD 1∶1共站，图9-9为密集城区环境下，1.8 GHz（LTE FDD）和3.5 GHz（5G NR）上行链路预算的覆盖半径对比。

图9-10为不同边缘用户速率（10 Mbps、20 Mbps和30 Mbps）及资源占比（全部RB vs 20% RB资源）下的3.5 GHz（5G NR）下行覆盖半径对比。综合图9-9和图9-10，可以看出，5G边缘用户，其下行占比为20% RB资源时，边缘速率为20 Mbps的覆盖半径（409米）与1.8 GHz的上行边缘速率为1 Mbps的覆盖半径（410米）基本相当。

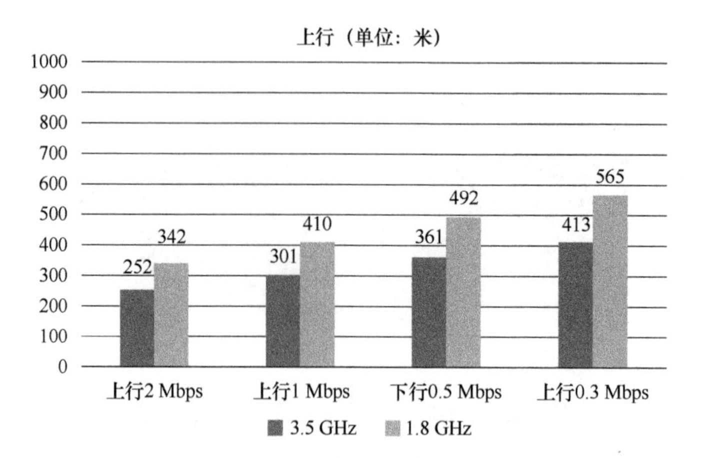

图 9-9　1.8 GHz（LTE FDD）和 3.5 GHz（5G NR）上行链路预算的覆盖半径对比

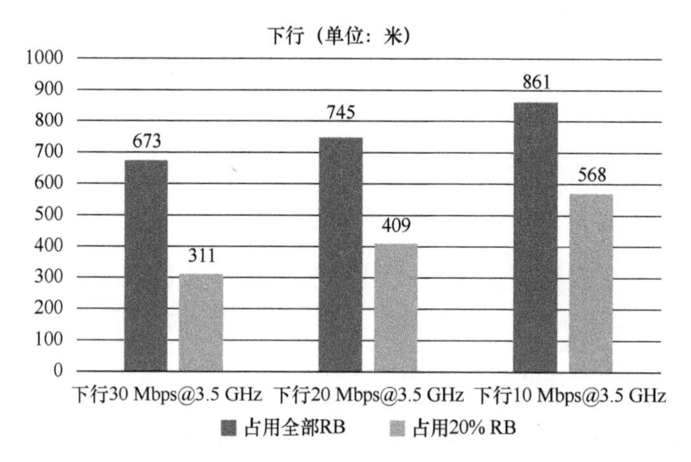

图 9-10　不同边缘用户资源占比下的 3.5 GHz（5G NR）下行覆盖半径对比

根据以上链路预算结果：

（1）如采用 5G 上行增强（SUL 或 Uplink sharing 等）解决方案，可实现与 4G 边缘用户同地理位置下（含室内场景），下行 20 Mbps/上行 1 Mbps 的 5G 边缘用户速率。

（2）如不采用 5G 上行增强方案，可实现下行 20 Mbps（可能略有损失）/上行 0.3 Mbps 的 5G 边缘用户速率，如想保证上行边缘用户速率仍然满足 1 Mbps，需要增加 0.8 倍的 3.5 GHz 附近频段的基站密度，即意味着要增加 80%的 5G 网络投资。

因此，以国内某运营商 1.8 GHz 附近频段 LTE FDD 网络为例，应用上行增强的方案（1.8 GHz+3.5 GHz），可实现 5G 与 4G 共站部署的情况下，5G 网络的边缘速率，其上行与 1.8 GHz 4G 上行速率相当（约为 1 Mbps），但其下行覆盖速率将超过 4G 下行覆盖速率，达到约 20 Mbps。依据不同手机视频业务的典型码速率需求（见表 9-4）可知，这将能够支持 5G 边缘手机用户下行 2K 分辨率的业务体验。其他运营商在 4G/5G 共站部署时，应用上行增强后，也可以实现 5G 网络上行、下行的边缘速率，并且可以采用类似的方法进行估算。

4. 频率带宽

该因素比较好理解，4G/5G 单基站每比特成本对比分析表中，假设 5G NR 的部署带宽是 100 MHz，如果单运营商获得的 5G NR 新增频率（6 GHz 以下）带宽小于 100 MHz，比如为 60 MHz，其理论吞吐量也将相应地降低到原 100 MHz 的 60%左右，同时也将降低 5G 网络每比特成本的对比优势。

因此各运营商的 5G 中端频谱，可新增的连续带宽大小，将直接影响 5G 的组网成本。申请和争取 5G 中端频谱能新增 100 MHz 连续频率（尤其产业链相对最好的 3.5 GHz 附近频段）对于 5G 初期的快速低成本部署至关重要。

5. 5G 设备集中采购及共享

现有 4G/5G 单基站成本对比假设约为 1∶3，这主要参照了当前 4G 网络（以 LTE FDD 为例）的单基站价格，国内某运营商 2.6 GHz Massive MIMO 单基站设备价格，以及 3.5 GHz 5G NR 设备能力需求等因素；各运营商还可以通过集团层面的 5G 设备统一集中采购，来降低 5G 网络基站采购价格，最终降低 5G 网络每比特成本。

此外，考虑到 5G 网络设备功耗的大幅度增加以及数字化室分小基站的部署成本相对较高等因素，多运营商间开展 5G 网络共享，有助于降低 5G 网络部署和运营成本，最终降低 5G 网络每比特部署成本，提升其竞争力。

9.2.3 3GPP 5G NR 频率标准化情况

根据 2018 年 6 月的 3GPP TS 38.104 协议[23]，将 5G NR 频率分为两个大的范围，频率范围 1 为 450～6 000 MHz；频率范围 2 为 24.25～52.6 GHz，见表 9-5。

表 9-5　频率范围定义

频率范围名称	对应的频率范围
频率范围 1（FR1）	450～6 000 MHz
频率范围 2（FR2）	24.25～52.6 GHz

在频率范围 1 内的 5G NR 工作频段（6 GHz 以下）见表 9-6，在频率范围 2 内的 5G NR 工作频段（24.25 GHz 以上）见表 9-7，可以看出：

表 9-6　在频率范围 1 内的 5G NR 工作频段列表

NR 工作频段	上行工作频段（基站接收/终端发射）	下行工作频段（基站发/终端收）	双工方式
n1	1 920～1 980 MHz	2 110～2 170 MHz	FDD
n2	1 850～1 910 MHz	1 930～1 990 MHz	FDD
n3	1 710～1 785 MHz	1 805～1 880 MHz	FDD
n5	824～849 MHz	869～894 MHz	FDD
n7	2 500～2 570 MHz	2 620～2 690 MHz	FDD
n8	880～915 MHz	925～960 MHz	FDD
n12	699～716 MHz	729～746 MHz	FDD
n20	832～862 MHz	791～821 MHz	FDD
n25	1 850～1 915 MHz	1 930～1 995 MHz	FDD
n28	703～748 MHz	758～803 MHz	FDD
n34	2 010～2 025 MHz	2 010～2 025 MHz	TDD
n38	2 570～2 620 MHz	2 570～2 620 MHz	TDD
n39	1 880～1 920 MHz	1 880～1 920 MHz	TDD
n40	2 300～2 400 MHz	2 300～2 400 MHz	TDD
n41	2 496～2 690 MHz	2 496～2 690 MHz	TDD
n51	1 427～1 432 MHz	1 427～1 432 MHz	TDD
n66	1 710～1 780 MHz	2 110～2 200 MHz	FDD
n70	1 695～1 710 MHz	1 995～2 020 MHz	FDD
n71	663～698 MHz	617～652 MHz	FDD
n75	N/A	1 432～1 517 MHz	SDL
n76	N/A	1 427～1 432 MHz	SDL
n77	3 300～4 200 MHz	3 300～4 200 MHz	TDD
n78	3 300～3 800 MHz	3 300～3 800 MHz	TDD
n79	4 400～5 000 MHz	4 400～5 000 MHz	TDD
n80	1 710～1 785 MHz	N/A	SUL

续表

NR 工作频段	上行工作频段（基站接收/终端发射）	下行工作频段（基站发/终端收）	双工方式
n81	880～915 MHz	N/A	SUL
n82	832～862 MHz	N/A	SUL
n83	703～748 MHz	N/A	SUL
n84	1 920～1 980 MHz	N/A	SUL
n86	1 710～1 780 MHz	N/A	SUL

表 9-7　在频率范围 2 内的 5G NR 工作频段列表

NR 工作频段	上行和下行工作频段（基站收发，终端收发）	双工方式
n257	26 500～29 500 MHz	TDD
n258	24 250～27 500 MHz	TDD
n260	37 000～40 000 MHz	TDD
n261	27 500～28 350 MHz	TDD

（1）在 6 GHz 以下频段，全球 5G 新增的 NR 频率主要在 600 MHz（n71）、C 波段（n77，n78）和 4.8 GHz（n79）附近频段；

（2）在 6 GHz 以上频段，全球 5G 新增的 NR 频率主要在 26 GHz（n258）、28 GHz（n257）和 39 GHz（n260）附近频段；

（3）现有全球主流的 LTE FDD 频段，在 SA 第一版本的 5G NR 中都已支持，包括 700 MHz（n28）、800 MHz（n20），以及中国现有 3 大运营商所有的 FDD 850 MHz（n5）、900 MHz（n8）、1 800 MHz（n3）、2 100 MHz（n1）和 TDD 2.6 GHz（n41）等附近频段。

9.2.4　存量频率重耕

考虑到以下四个方面的因素：

（1）国内运营商当前都有多个 4G License 频段；

（2）当前 3GPP 5G NR Rel-15 标准已经支持国内运营商所有的 FDD 频谱以及 2.6 GHz TDD 频谱；

（3）当前 4G 网络中，处于后 20%～30%流量区域的基站，通常都是 4G 单载波配置，该区域的实际业务需求在 5G 初期并不会特别多；

（4）有利于盘活存量 DAS，在现网 4G 室分容量低的 DAS 区域可通过重耕另外一个频段的 4G 频率，来快速、低成本地支持 5G。

国内运营商在 5G 部署初期，除考虑新增的 5G 频率部署外，还可以考虑在 4G 单载波以及低业务量（后 20%～30%）区域，重耕部分频率用于 5G，满足 5G 低成本的、差异化的广度和深度覆盖。

当前 4G/5G 终端在 1.8 GHz、2.1 GHz 附近频段具备 4R 设计能力，且已有少量支持上述频段的 4G 四天线接收的商用终端发布，但在 900 MHz 等 1 GHz 以下的低频段，受限于天线尺寸，普通终端难以完成 4R 设计，同时考虑到 VoLTE 的上行覆盖增强需求[24]，从网络侧，在 1.8 GHz 及 2.1 GHz 附近频段，新设备的部署建议以 4T4R 为主。在 1 GHz 以下的频段，新设备的部署建议以 2T4R 为主。在不改变基站 RRU 硬件和天线配置的情况下，可要求上述频段新部署的 RRU 软件能升级至 5G NR，以降低运营商的重耕成本。

9.3 5G 频率部署策略及案例探讨

3GPP 5G NR 标准化的频率支持情况反映了全球运营商对 5G 频率部署的想法。全球层面绝大多数运营商都期望通过“高、中、低”各频段混合搭配的网络，满足不同场景、不同阶段的 5G 业务需求，如图 9-11 所示。

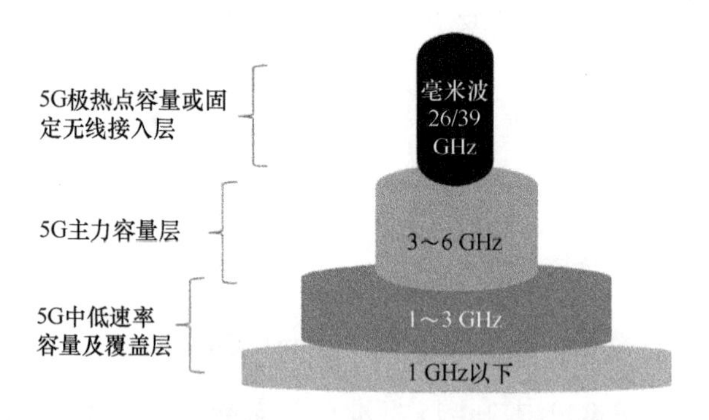

图 9-11　5G“高、中、低”各频段定位示意图

以国内某运营商为例，其存量 FDD&TDD 室外频率分别在 900 MHz、1.8 GHz、2.1 GHz 上，新分配 100 MHz 3.5 GHz 附近频段 5G 中频段频率，未来 5G 毫米波主要潜在新增频率在 26/39 GHz 附近频段，如图 9-12 所示。

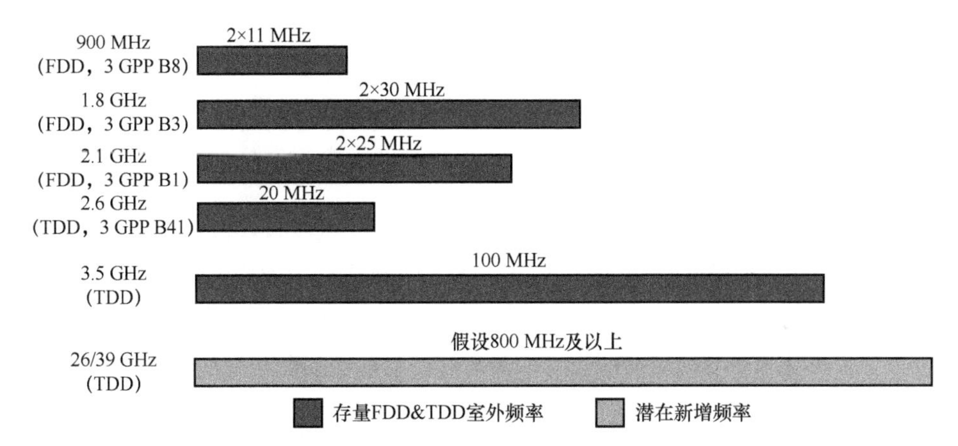

图 9-12　国内某运营商存量 FDD、新分配 5G 及潜在 5G 毫米波频率示意图

可以考虑的一种各个频率定位及重耕策略为：

900 MHz 附近频段：4G/5G 语音、物联网及底层数据层；考虑到 VoLTE 及 VoNR 的语音需求，新基站建议配置以 2T4R 为主，RRU 要求可软件升级至 5G NR。

1.8 GHz 及 2.1 GHz 附近频段：4G/5G 中速率容量层，理论能力可达 1 Gbps。在当前 4G 单载波或低吞吐量区域，可考虑重耕另外一个 4G 频段的频率用于 5G，以便在 5G 部署初期，实现低成本的、差异化的广度和深度覆盖，盘活存量 DAS。室外基站建议以 4T4R 为主。

2.6 GHz 附近频段：4G 热点分流频段，可考虑以 3D MIMO 方式部署。

3.5 GHz 附近频段：5G 主力容量层，初期优先在 4G 高流量区域部署，关注 5G 上行增强方案，以实现初期与 1.8 GHz 网络 1∶1 部署，尽可能降低网络投资成本；同时 5G 网络边缘下行速率可达到约 20 Mbps，支持边缘手机用户下行 2K 分辨率的业务体验。

毫米波 26/39 GHz 附近频段：5G 极热点容量层，真正能满足 ITU-R 5G eMBB 峰值速率的频段。当前产业链还较薄弱，部署成本较高。在其成熟后，在传播条件较好的区域（室外极热点、机场、火车站、营业厅等）及家庭场景都可考虑部署。在国外，固定无线接入是毫米波应用的一种主要方式。

上述策略的实现需要 5G 终端的支持，需要国内三大运营商共同推动 5G 终端初期能支持中端频段（1.8 GHz、2.1 GHz 及 2.6 GHz）的 NR（n1、n3、n41），同时推动 5G 终端支持中端频段（1.8 GHz、2.1 GHz 及 2.6 GHz）的 4R 接收。

9.4 小结

总的来说，未来 5G 的组网是一个“高、中、低”各频段的频率混合搭配的网络；中、低端频段（6 GHz 以下）为 5G 的核心基础覆盖和容量频段，高端频段（24.25 GHz 以上）为高流量地区的吸热、分流频段。5G 初期，NR 新频段的部署主要面向 eMBB 场景，当前 4G 网络的流量热点区域将是 5G 初期部署重点考虑区域。重耕部分现有 4G 频率用于 5G，是差异化、低成本拓展 5G 初期覆盖范围以及盘活存量 4G 低流量 DAS 室分的重要手段；同时，三大运营商也需要联合推动国内 5G 终端支持当前主要的 FDD、TDD 容量频段（1.8 GHz、2.1 GHz、2.6 GHz 附近频段）。

当然，从国内运营商间 5G 网络竞争的角度，各运营商实际的部署规模也会根据竞争对手的策略进行相应的调整。

参考文献

[1] FCC 16-89, Use of Spectrum Bands Above 24 GHz For Mobile Radio Services, et al. [EB/OL]. [2019-12-12]. https://www.fcc.gov/.

[2] FCC 18-73, Use of Spectrum Bands Above 24 GHz For Mobile Radio Services, et al. [EB/OL]. [2019-12-12]. https://www.fcc.gov/.

[3] R15-TG5.1-C-0413!!MSW-E, Information on CEPT's roadmap for 5G / IMT-2020[EB/OL]. [2019-12-12]. https://www.itu.int/en/ITU-R/study-groups/rsg5/tg5-1/Pages/default.aspx.

[4] ECCDec(18)06, Harmonised technical conditions for Mobile/Fixed Communications Networks (MFCN) in the band 24.25-27.5 GHz[EB/OL]. [2019-12-12]. https://cept.org/.

[5] ITU-R M. 2083-0 建议书，IMT 愿景——2020 年及之后 IMT 未来发展的框架和总体目标[S]. ITU-R, 2015-09.

[6] RP-181300, Report of 3GPP TSG RAN meeting#79 held in Chennai, India[S]. ITU-R, 2018-03-22.

[7] 中国电信. 中国电信股份有限公司 2018 年年报[EB/OL]. 2019-03[2019-12-12]. https://www. chinatelecom-h.com/tc/ir/report/annual2018.pdf.

[8] 中国移动. 中国移动有限公司 2018 年年报[EB/OL]. 2019-03[2019-12-12]. https://www.

chinamobileltd. com/tc/ir/reports/ar2018.pdf.
[9] 中国联通. 中国联合网络通信股份有限公司 2018 年年报[EB/OL]. 2019-03[2019-12-12]. http://doc. irasia.com/listco/hk/chinaunicom/annual/2018/cres.pdf.
[10] 中国电信. 中国电信股份有限公司 2017 年年报[EB/OL]. 2018-03[2019-12-12]. https://www chinatelecom-h.com/tc/ir/report/annual2017.pdf.
[11] 中国移动. 中国移动有限公司 2017 年年报[EB/OL]. 2018-03[2019-12-12]. https://www. chinamobileltd. com/tc/ir/reports/ar2017.pdf.
[12] 中国联通. 中国联合网络通信股份有限公司 2017 年年报[EB/OL]. 2018-03[2019-12-12]. http://doc. irasia.com/listco/hk/chinaunicom/annual/2017/cres.pdf.
[13] 中国电信. 中国电信股份有限公司 2016 年年报[EB/OL]. 2017-03[2019-12-12]. https://www. chinatelecom-h.com/tc/ir/report/annual2016.pdf.
[14] 中国移动. 中国移动有限公司 2016 年年报[EB/OL]. 2017-03[2019-12-12]. https://www. chinamobileltd. com/tc/ir/reports/ar2016.pdf.
[15] 中国联通. 中国联合网络通信股份有限公司 2016 年年报[EB/OL]. 2017-03[2019-12-12]. http://doc. irasia.com/listco/hk/chinaunicom/annual/2016/cres.pdf.
[16] 中国电信. 中国电信股份有限公司 2015 年年报[EB/OL]. 2016-03[2019-12-12]. https://www. chinatelecom-h.com/tc/ir/report/annual2015.pdf.
[17] 中国移动. 中国移动有限公司 2015 年年报[EB/OL]. 2016-03[2019-12-12]. https://www. chinamobileltd. com/tc/ir/reports/ar2015.pdf.
[18] 中国联通. 中国联合网络通信股份有限公司 2015 年年报[EB/OL]. 2016-03[2019-12-12]. http://doc. irasia.com/listco/hk/chinaunicom/annual/2015/cres.pdf.
[19] 中国电信. 中国电信股份有限公司 2014 年年报[EB/OL]. 2015-03[2019-12-12]. https://www. chinatelecom-h.com/tc/ir/report/annual2014.pdf.
[20] 中国移动. 中国移动有限公司 2014 年年报[EB/OL]. 2015-03[2019-12-12]. https://www. chinamobileltd.com/tc/ir/reports/ar2014.pdf.
[21] 中国联通. 中国联合网络通信股份有限公司 2014 年年报[EB/OL]. 2015-03[2019-12-12]. http://doc. irasia.com/listco/hk/chinaunicom/annual/2014/cres.pdf.
[22] 中国联通极致体验视频网建设标准白皮书[EB/OL]. 2017-11[2019-12-12]. http://cucc.ebm odel.cn/.
[23] 3GPP TS 38.104 V15.2.0, NR Base Station (BS) radio transmission and reception (Release 15) [S]. 3GPP, 2018-06.
[24] 许桂芳. 中国电信 VoLTE 覆盖增强方案研究[J]. 移动通信, 2017（14）：1-4.

第 10 章 频谱共享

频谱共享是移动通信发展到成熟阶段的必然产物。它是人们在有限的频谱空间中探索更多频谱利用空间的一种尝试。它经历了从大而全到实际应用的逐步聚焦，也经历了从概念到产品的逐步成熟。

本章主要介绍认知无线电（Cognitive Radio，CR）、授权共享接入（Licensed Shared Access，LSA）、授权频谱辅助接入（Licensed Assisted Access，LAA）等频谱共享技术的概念，以及应用场景和发展过程：

（1）认知无线电是最早提出频谱共享技术的，但停留在理论层面，由于其追求理论上的最大增益，实现方法非常复杂，其实用价值较低。

（2）授权共享接入是一种频谱管理方法，从频谱管理上讲，它是对现有频谱管理方法的改进和变革，提高了频谱利用效率。

（3）授权频谱辅助接入，是基于载波聚合的架构在非授权频段中使用 LTE 技术的频谱共享方式，它是一种易于实现的频谱共享方式。目前也被广泛应用在非授权频段上。

10.1 概述

一方面，移动宽带业务的迅速增长导致运营商蜂窝网络对频谱需求越来越强烈，而可以使用的频谱资源昂贵且总量受限。另一方面，无线电频谱的利用率却相对较低，从而造成一定程度的浪费。解决上述问题，不仅需要技术进步提高无线电频谱利用率，或者发展更智能的网络实现频谱利用的最大化；同时，需要频谱管理与分配策略有所改变，制定更加灵活、合理、高效的频谱管理和分配策略。

认知无线电是最早提出在不同业务之间灵活共享频率技术的。理论上可以最大限度地提高频率利用率，但其实现起来相对复杂，依赖于高可靠性的频谱检测技术和公平的频谱共享策略。虽然经历了多年的技术发展，但目前有价值的应用却非常有限。大家熟知的应用还停留在本世纪初的电视空白频段（TV White Space，TVWS）的应用上，而且它在实现上倾向基于地理位置数据库的实现方案，以降低对高可靠性频谱检测技术的依赖。

与此同时，人们也在对灵活和高效的频谱管理进行广泛讨论。其中，最为广泛的即为授权共享接入（LSA）技术，这是对传统频谱管理的一次突破，在一定程度上也为各类新技术的应用扫清了政策阻碍。

移动通信除了在授权频段上寻求政策和技术上的频谱共享之外，也将其目光放在了本身具有共享特性的非授权频段上。非授权频段上的政策和技术更容易实现。其中应用最广泛的是授权频谱辅助接入（LAA）技术，由于其采用的是 LTE 载波聚合框架，并引入了在此频段上 Wi-Fi 系统所使用的一些信道共享技术，因此，在技术上更容易实现。目前全球已经有 21 个 LAA 的试验或商用网络，18 款 LAA 商用芯片，以及 29 款 LAA 智能终端。

10.2 认知无线电

认知无线电的概念最初由 Joseph Mitola 博士提出，并系统地阐述了其内涵。

Joseph Mitola 博士从业务层面，定义认知无线电能够使用人工智能技术帮助用户自动选择最好的、最廉价的服务进行无线传输。同时，他也指出，由于认知无线电能根据无线环境调整自己的传输参数，使用最适合的无线资源（包括频率、调制方式、发射功率等）完成无线传输，因而可以用于提高无线频谱利用率。在后来的发展中，认知无线电最备受关注的优势就是无线用户可以通过该技术实现“频谱共享”，为缓解频谱资源短缺带来了新的思路。

2003 年 5 月，美国联邦通信委员会（FCC）召开认知无线电研讨会开始重新考虑频谱管理政策。此后，FCC 给出了认知无线电的定义："认知无线电是指能够通过与工作环境的交互，改变发射机参数的无线电设备。认知无线电的主体可能是软件定义无线电设备（Software Defined Radios，SDRs），但对认知无线电设备而言，不一定必须具有软件或者现场可编程的要求。"

2009 年，ITU-R 对认知无线电做了如下定义："认知无线电，即无线电发射机和/或接收器采用的一种可以了解其操作和地理环境、确定政策及其内部状态的技术，一种能够根据了解到的情况动态和自动调节参数和协议以达到预定目标的技术，也是一种可从了解到的结果中汲取经验的技术。"

从认知无线电定义的演变，可以看出其具备以下两个基本特征：认知能力和重配置能力。在以利用空闲频率为目的的认知无线电中，认知能力使认知无线电能够从其工作的无线环境中获得相关频谱使用信息，从而可以标识特定时域、频域和空间域的频谱空洞信息，并选择最适当的工作频段和工作参数。重配置能力使得认知设备可以根据这些工作频段和工作参数对发射机进行重配置。根据认知无线电的定义和特点分析，认知无线电的关键技术主要有认知信息获取技术、动态频谱管理技术、信道估计与预测技术和自适应传输及重配置技术。此外，认知无线电的一大特点是应用人工智能技术认知环境并进行自适应调整和重配置。这些关键技术构成了认知无线电的核心功能。认知无线电关键技术如图 10-1 所示。

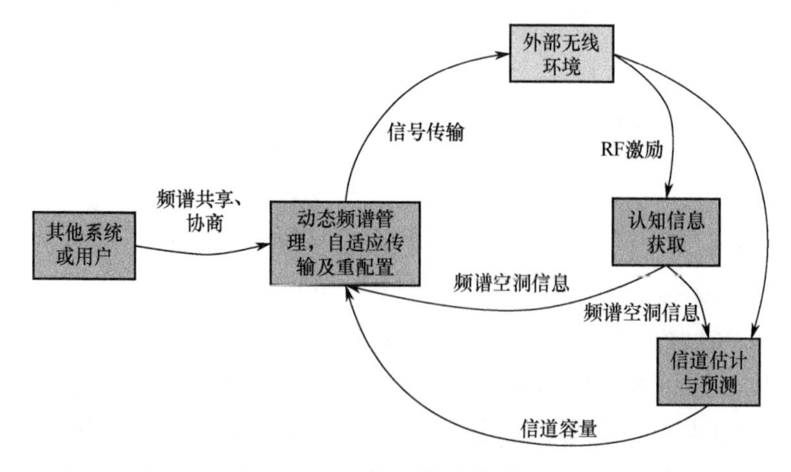

图 10-1 认知无线电关键技术

认知无线电最初的应用热点是在电视空白频段（TV White Space，TVWS）。电视空白频段是指已分配但在当地没有被使用的信道。在模拟电视信号时代，为了避免干扰，不同信道间的保护带宽较宽。因此，有些信道不能够被使用。但是，到了数字电视时代，由于技术的进步，保护带宽变窄，从前那些不能使用的信道因此可以被释放出来用于通信。为了利用 TVWS 频段进行通信，FCC 于 2008 年 11 月决定，非授权设备（unlicensed device）可以使用 TVWS 中的空闲频谱，前提条件是该设备的使用不能干扰授权用户。这就要求非授权设备对频谱具有认知功能，因此，TVWS 的使用必须与认知无线电技术（Cognitive Radio Technologies）相结合。FCC 允许非授权设备从 2009 年 3 月 19 日起使用 TVWS 进行宽带数据通信。

欧洲标准组织 CEPT，也对“空白频谱”给出了相关的规范：基于地理位置数据库的认知无线电是目前最有效、最易实施的一种实现方案。采用地理位置数据库方式应用在 TVWS 上的场景如图 10-2 所示。

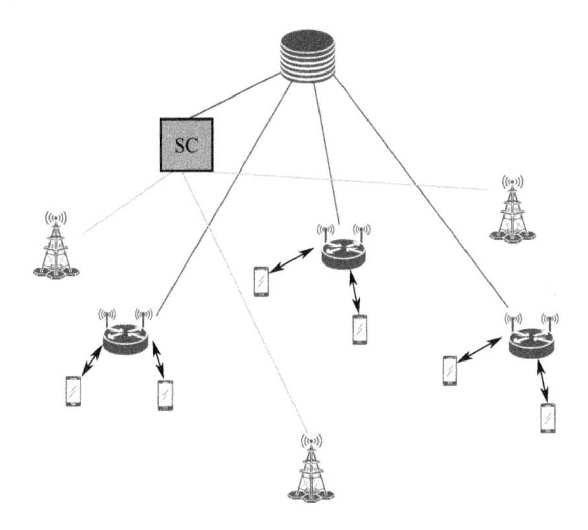

图 10-2　地理位置数据库方式应用在 TVWS 上的场景

当次级系统使用 TVWS 频段时，认知无线电系统既要考虑次级系统与授权系统间的共存问题，也要顾及次级系统内空闲频谱设备（WSD）间的自共存问题。如果次级系统具备自共存能力，那么该次级系统的 WSD 可以直接和地理位置数据库（GLDB）相连，获得在空白频谱的工作参数限制，该工作参数限制信息是 GLDB 基于授权系统保护要求计算得出的。同时，GLDB 需要维护实际空白频谱使用的情况，如果授权系统发生被干扰的情况，GLDB 可以根据空闲频谱占用信息很容易地确定干扰源信息。

当次级系统使用TVWS频段时，如果次级系统不具备自共存能力，认知无线电系统需要额外考虑WSD间的自共存问题，基于此引入频谱协调器（SC），WSD需要先连接到SC，SC可以直接和GLDB相连。在这里SC扮演了一个管理协调者的角色，同时也可以存储次级系统WSD的设备参数。在整个过程中，SC维护不同系统的频谱使用的数据，这个数据包括当前频谱的使用状态、WSD的频谱测量数据、不同系统覆盖区域或使用地图。它也包括不同系统的共存参数。GLDB收到来自WSD的信息，包括WSD的特征信息，从而产生基于授权系统保护准则的WSD的工作参数限制信息。GLDB将WSD的工作参数限制信息提供给SC，并由SC确定具体工作参数，即在不违反主用户的保护准则的前提下，进一步进行WSD间共存解决。

10.3 授权共享接入（LSA）

授权共享接入（Licensed Shared Access，LSA）技术是目前广为讨论的一种频谱管理方法，从频谱管理上讲，它是对已有的授权方式、免授权方式的一种补充。LSA是在监管部门制定的条例下，根据现有用户（incumbent user）的频谱使用状况，在现有用户和LSA用户之间建立频谱共享规则，由主管部门颁发共享牌照的一种频谱管理方式。LSA是对现有频谱管理方法的改进和变革，它能够在保证用户服务质量（Quality of Service，QoS）的前提下合理、高效地调配频谱资源，对移动产业的发展具有重要意义。

2013年11月，欧盟发布了关于LSA频谱策略的观点，并给出了下列定义：LSA是一种监管方法，其目的是在某个已经分配给或者准备分配给某一个或多个现有用户的频段引入有限数目的持有共享牌照的附加用户。在LSA中，这些“附加的”用户依据在其频谱使用权中的共享规则被授权使用该频谱或部分频谱，以保证现有用户在内的所有授权用户获得可靠的服务质量。

LSA共享框架如图10-3所示。移动运营商使用共享频谱的框架中有四个主要的参与方：频谱持有方，监督和影响频谱共享方法及成效的监管机构和政策制定者，移动运营商及其他邻近的移动通信系统，以及移动的最终用户。成功实现频谱共享的必要条件是，所有参与者共同关注频谱共享所带给他们的效益，本质上就是权衡预期效益与实际的成本和风险。因此，想成功实现共享就需要探索各方的动机及潜在成本和风险，并加以管理。

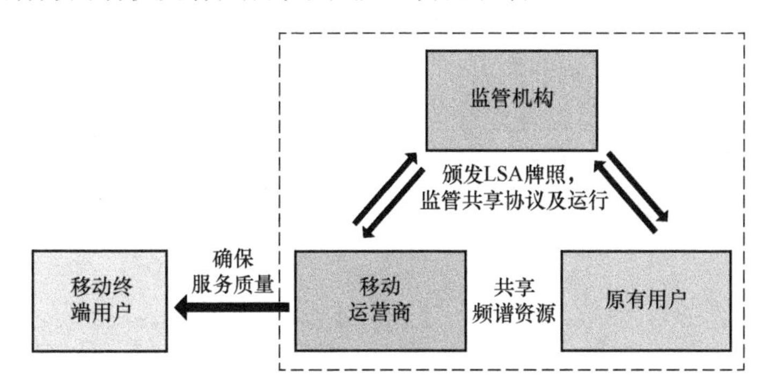

图 10-3 LSA 共享框架

频谱共享可以采用多种形式，且需要原用户与授权共享用户之间的高度合作，这一内在要求需要监管机构在制定 LSA 共享管理框架的过程中避免过度小心谨慎。监管机构需要定义广泛适用于各种频谱共享环境的共享条款，实质地减少或较大程度上抵消某共享频谱对于运营商的价值。

LSA 的网络架构如图 10-4 所示，监管机构、现有用户、LSA 用户三方协商确定共享框架后，一方面监管机构需要监管现有用户与 LSA 用户遵循既定的共享框架实现频谱共享；另一方面需要一些技术手段来约束 LSA 用户的发射参数，以确保现有用户所受干扰在容忍范围内，同时，LSA 用户本身的 QoS 也可以得到保障。

图 10-4 中引入了两个逻辑实体，即 LSA 数据库和 LSA 控制器。

LSA 数据库：负责现有用户的保护，存储并维护现有用户的频谱使用信息，以及相关干扰保护准则信息，该信息反映了共享频谱的可用性状态，LSA 数据库负责将相关共享频谱可用性信息发送给对应的 LSA 控制器，并监控现有用户及 LSA 用户在事先协商达成的共享框架下运行各自的系统；而且 LSA 数据库倾向于由监管机构授权的第三方来运营。

LSA 控制器：接收 LSA 数据库提供的共享频谱可用性信息，结合无线传播信息并通过计算确定 LSA 用户设备的发射参数，使得 LSA 用户设备的运行对现有用户的干扰符合干扰保护准则的要求；而且 LSA 控制器倾向于由 LSA 用户运营。

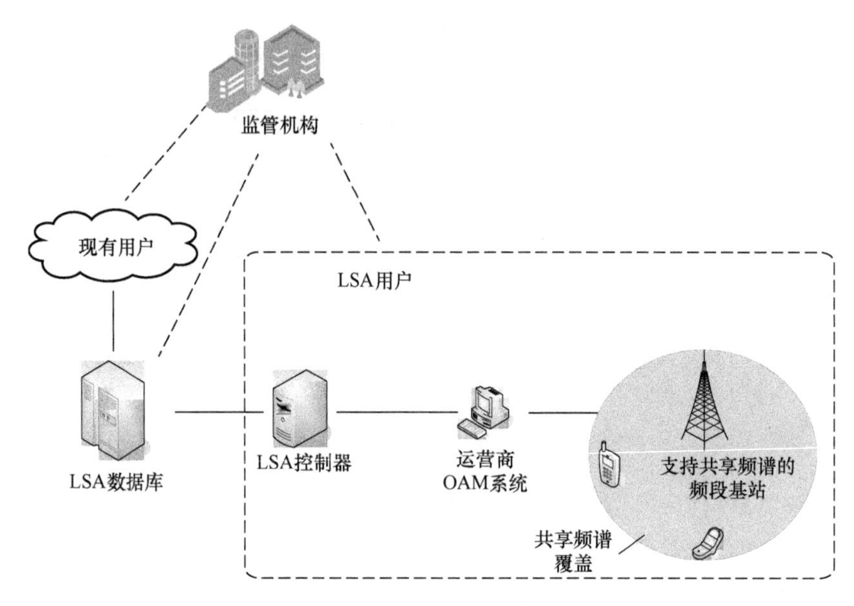

图 10-4 LSA 的网络架构

LSA 系统的逻辑实体包括 LSA 数据库及 LSA 控制器。为了实现网络的授权频谱共享，逻辑实体需要具备一系列的逻辑功能。逻辑功能与逻辑实体的映射示意图如图 10-5 所示。

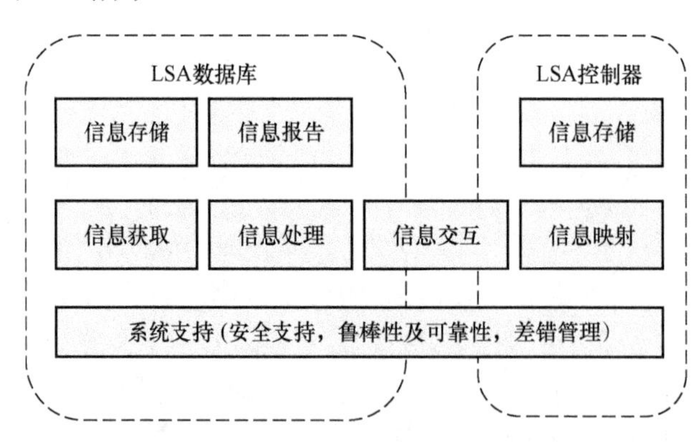

图 10-5 逻辑功能与逻辑实体的映射示意图

LSA 数据库：LSA 数据库是 LSA 系统正常运行的保障者和频谱信息的源头。

LSA 数据库中需要存储 LSA 系统运行所必需的信息，其中包括共享规则，LSA 授权信息，授权系统与 LSA 用户间的共享协议，授权用户的频谱使用信息及保护准则。LSA 数据库通过相关接口获取上述信息。

通过信息处理功能，生成 LSA 用户的可用频谱信息，基于授权用户的频谱使用信息及保护准则，结合 LSA 用户的位置及设备类型，LSA 数据库通过信息处理功能，将频谱的客观使用状态转化为 LSA 可配置的参数限制，如 LSA 用户可用频谱列表，以及在各频谱资源上的发射限制。

LSA 控制器：LSA 控制器的职权在于在 LSA 数据库提供可用资源范围内优化无线网络资源应用。将 LSA 数据库提供的可用频谱及各频谱资源上的发射限制信息映射到具体无线站点，形成资源配置信息，然后将 LSA 用户的频谱使用信息进行存储，以便后续查找潜在的干扰源。

10.4 授权频谱辅助接入（LAA）

授权频谱辅助接入，是指在非授权频段中使用 LTE 技术，基于载波聚合的架构，由授权频段载波作为主小区（PCell），非授权频段载波作为辅小区（SCell）的新型接入方式。这种方式可以将非授权频段作为授权频谱的一个有效补充，从而增加了网络可用带宽，提高了频谱利用效率，也可认为是一种易于实现的频谱共享方式。该种接入方式具有以下两个特点：

（1）载波聚合的主小区必须为授权频段，以保证网络通信的可靠性。

（2）需要引入对话前侦听（Listen-before-talk，LBT）的信道竞争机制，以实现在非授权频段上与现有的 Wi-Fi 系统或其他 LAA 系统的公平共享。

3GPP TR 36.889 给出了 LAA 四种典型的应用场景，如图 10-6 所示。

场景 1：在授权宏基站（F1）和非授权小基站（F3）间的载波聚合方案。

场景 2：在没有宏基站覆盖情况下的授权小基站(F2)和非授权小基站(F3)之间的载波聚合方案。

场景 3：在授权的宏基站和小基站（F1）、授权的小基站（F1）和非授权的小基站（F3）之间的载波聚合方案。

场景 4：在授权宏基站（F1）、授权小基站（F2）和非授权小基站（F3）之间的混合场景，可以有下列三种实现方案。

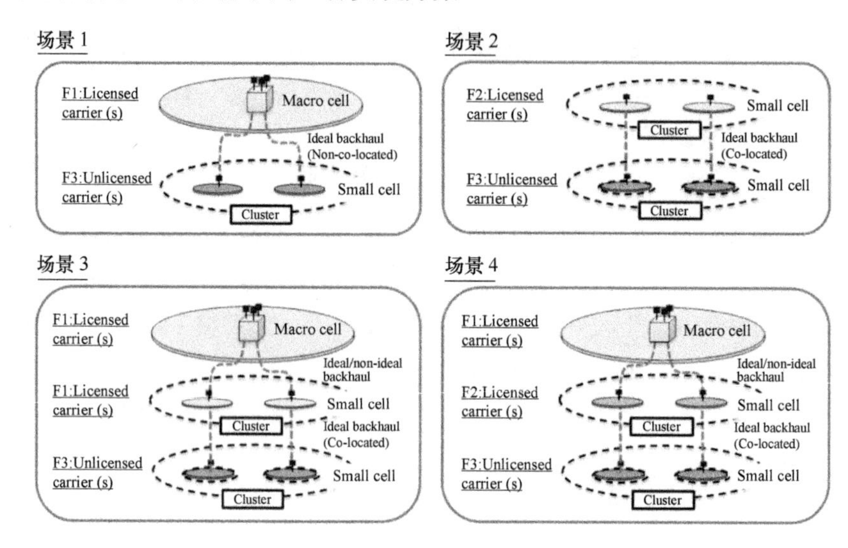

图 10-6　LAA 应用场景

（1）授权小基站（F2）和非授权小基站（F3）之间的载波聚合；

（2）如果宏基站和小基站之间有理想的回程，可以在授权宏基站（F1）、授权小基站（F2）和非授权小基站（F3）之间的载波聚合；

（3）如果双连接已启用，可以有宏基站和小基站之间的双连接。

非授权频段包括 2.4 GHz 附近和 5 GHz 附近这两个主要的频段，目前 2.4 GHz 附近频段上的 Wi-Fi 设备已经非常饱和，LAA 技术将主要在 5 GHz 附近频段上展开。3GPP 也定义了从 5 150～5 925 MHz 频段的新 Band——Band46。未来所有 5 GHz 附近频段相关的载波聚合标准研究将以 Band46 为基础进行。现在已经开展了 Band1+Band46、Band3+Band46 和 Band41+Band46 2DL CA 组合的标准化工作。

非授权频段的 LTE 在 3GPP 经历了三个演进阶段，第一阶段是 LTE-U（3GPP Rel-12），与 LAA 类似，其采用载波聚合的方式，使用非授权频段作为下行载波聚合的辅载波。但 LTE-U 采用的是载波侦听自适应传输（Carrier-Sensing Adaptive Transmission，CSAT）来实现与 5 GHz 附近频段其他技术（如 Wi-Fi）共存。而 LAA 是其下一个演进版本（3GPP Rel-13），也就是第二阶段，使用 LBT 技术代替了 CSAT 技术。在第三个阶段，也就是 3GPP Rel-14

版本，LAA 演进为增强性的 LAA，即 eLAA，增加了上行载波聚合和双连接的能力。

各个国家对于 5 GHz 附近非授权频段进行了射频指标要求，但是每个国家的规定不尽相同。在中国国内，目前可用的 5 GHz 附近频谱资源主要包括两个频段：5 150～5 350 MHz 和 5 725～5 850 MHz。其中，5 150～5 350 MHz 频段开放用于包括无线局域网在内的无线接入系统（WAS/RLAN），但仅限于室内使用。在该频段，需强制满足下列条件之一：同时支持动态频率选择（Dynamic Frequency Selection，DFS）和发射功率控制（Transmit Power Control，TPC，不少于 6 dB）；或者仅支持 DFS，但最大平均等效全向辐射功率（Equivalent Isotropic Radiated Power，EIRP）、功率谱密度和最大发射功率需在基本要求下有 3 dB 的回退。

5 725～5 850 MHz 频段于 2009 年被分配为“轻”共享（light license）频段。仅由通信运营商和交通管理局等用于包括无线局域网在内的无线接入系统（WAS/RLAN），该频段可以在室内或室外使用。至 2014 年年底，5 725～5 850 MHz 频段从“轻”共享（light license）频段变为完全共享频段。

对于 5 470～5 725 MHz 频段，我国尚未正式规划。但是，该频段作为潜在的用于 WAS/RLAN 无线通信业务的频段已在国内展开了广泛讨论。为了满足对现有业务的保护（如无线电定位业务等），DFS 和 TPC（不小于 6 dB）将要求强制使用，DFS 功能不可关闭。为了实现在非授权频段使用 LTE 技术，LAA 需要引入一些关键技术满足非授权频段的相关保护要求和公平共享机制。

某些地区（如欧洲和日本）禁止非授权频谱连续发射，并且对非授权频谱上传输脉冲串的最大持续时间有限制。因此，对 LAA 而言，有限的最大发射持续时间内载波非连续发射是其需要引入的功能之一。

除此之外，为避开雷达系统，动态频率选择（DFS）功能也是一些频段上的管理要求。该功能为了检测来自雷达系统的干扰和避开与这些系统共信道运行，并在一个相对标准的时间尺度上选择一个不同的载波。

同样，发射功率控制（TPC）也是一些地区的管理要求，相比于最大正常的发射功率，发射设备应能够通过 TPC 减小 3 dB 或 6 dB 的发射功率。

除此之外，最重要的一个功能是对话前侦听（LBT）功能，该功能是在非授权频段应用最广泛的 Wi-Fi 系统实现公平共享频率的最重要的手段。

对话前侦听程序是一种机制。在这个机制之下，设备在使用一个信道之前需要进行空闲信道评估（CCA）检查。使用能量检测信道上是否存在其他信号，来确定信道是空闲的还是占用的。欧洲和日本在规定中授权了非授权频段使用 LBT。

为了实现上述功能，LAA 需要在物理层应用更灵活的下行帧结构，调整下行参考信号，信道强度上报和质量上报，并增加动态非连续传输的方式和上下行信道侦听功能。同时，需要在高层设计动态非连续传输和对话前侦听的调度能力和参数设置能力。

在 3GPP Rel-13 标准中，定义了标准的 LBT 流程，其基于动态竞争窗长度（Contention Window Size，CWS）的随机回退空闲信道评估机制如图 10-7 所示。

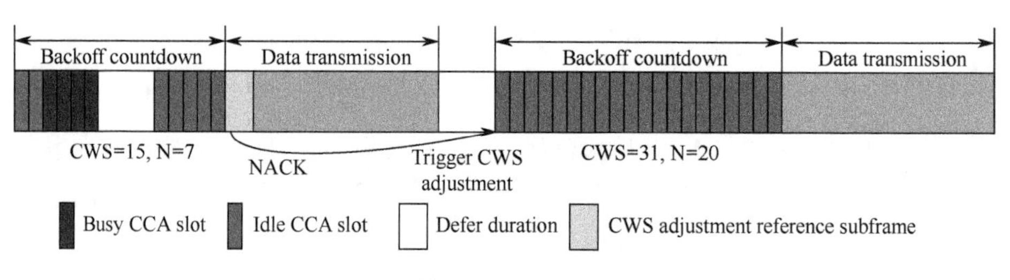

图 10-7　随机回退空闲信道评估机制

随机回退空闲信道评估机制是无线通信设备在 0～竞争窗长度之间均匀随机生成一个回退计数器 N，并且以侦听时隙（CCA slot）为粒度进行侦听，如果侦听时隙内检测到信道空闲，则将回退计数器减 1，反之检测到信道忙碌，则将回退计数器挂起，即回退计数器 N 在信道忙碌时间内保持不变，直到检测到信道空闲；当回退计数器减为 0 时无线通信设备可以立即占用该信道。

动态 CWS 是指无线通信设备根据之前的传输是否被接收节点正确接收，而动态调整 CWS。这样可以根据信道状态和网络业务负载调整得到合适的 CWS 取值，在减小发送节点间碰撞和提升信道接入效率之间取得折中。

10.5 小结

面对日益紧张的频谱资源，频谱共享技术一直是无线电工作者追求的目标和努力的方向。认知无线电技术是无线电研究人员的第一次探索和尝试，经过研究人员多年持续的努力，认知无线电技术被不断充实，不断完善，并渐渐发展出来了后来基于地理位置数据库的实现方式，衍生出了授权频谱的共享管理方式。LAA 技术则是首次成功标准化的两个不同制式的通信系统能够共享频谱的技术，并得到了一定程度的应用。然而，目前的研究进展离认知无线电技术中所描绘的愿景，仍然还有很长的一段路要走。但随着大数据和人工智能的发展，认知无线电技术也必将迈出其更加坚实的一步。

参考文献

[1] TC5_WG8_2014. 认知无线电技术及频谱相关问题研究报告[S]. 中国通信标准化协会，2014.

[2] TC5_WG8_2017. 授权频谱共享管理方式研究[S]. 中国通信标准化协会，2017.

[3] TC5_WG8_2017. 地理位置数据库频谱管理方式及相关技术研究[S]. 中国通信标准化协会，2017.

[4] TC5_WG8_2017. 5 GHz 频段宽带无线接入系统对话前侦听（LBT）技术研究结题报告[S]. 中国通信标准化协会，2017.

[5] TC5_WG8_2018. 许可频谱辅助接入（LAA&eLAA）技术研究[S]. 中国通信标准化协会，2018.

[6] GSA report-LTE in Unlicensed spectrum Trials deployments and Devices. 2018[2019-12-12]. https:// gsacom.com/technology/lte-unlicensed/.

[7] 3GPP TR 36.889 Technical Specification Group Radio Access Network;Study on Licensed-Assisted Access to Unlicensed Spectrum[S]. 3GPP, 2015.

第 11 章
边境（界）频率协调

近年来，随着移动通信的快速发展，边境地区出现越来越多的网络覆盖和频率协调问题。本章将简要介绍边境(界)频率协调的必要性以及协调原则，结合作者实际参与的两个协调案例，梳理出边境（界）频率协调的一般谈判流程，以及对于谈判焦点问题的方案制订、解决方法等。

11.1 边境（界）频率协调的必要性

目前移动通信已经成为人们重要的通信工具。为了保证移动通信网的正常运行，需要和相邻国家进行频率协调、干扰控制和覆盖控制等方面的工作。我国陆地边界线全长约22 000千米，同朝鲜、俄罗斯、蒙古、哈萨克斯坦、吉尔吉斯斯坦、塔吉克斯坦、巴基斯坦、阿富汗、印度、尼泊尔、不丹、老挝、缅甸和越南等国家接壤，是世界上边界线最长、邻国最多、边界情况最复杂的国家之一。我国有陆地边界的省区共 9 个，即辽宁省、吉林省、黑龙江省、内蒙古自治区、甘肃省、新疆维吾尔自治区、西藏自治区、云南省和广西壮族自治区。近年来，我国与俄罗斯、朝鲜、越南等相邻国家无线电管理机构多次进行边境频率协调会谈，解决双方边境移动通信的越境覆盖和频率干扰问题。随着移动通信的发展，国家之间移动通信信号在边境区域相互覆盖的情况日益增多。国内各大运营商使用的公众移动通信频段与很多相邻国家的频率规划存在同、邻频干扰的场景，如果无线电频率协调不到位，比较容易引起越境覆盖、同频干扰、邻频干扰等问题，严重影响各运营商边境地区的网络覆盖和业务发展。

对于边境移动通信网络的覆盖和干扰控制，主要的解决手段是与邻国就频谱资源的协调进行谈判，但这其间涉及我国与邻国的频谱资源的使用纠纷，在谈判过程中双方以各自利益最大化为目的，不能完全保证各运营商的权益。因此，对于边境网络覆盖和干扰控制，在确保国家频谱资源最大化的前提下，通过双方的友好谈判保障各运营商边境用户的用户权益，实现国家之间、各运营商之间的平等互利，确保双方所有运营商的网络在边界地区能正常运营发展，促进边界地区移动通信和当地经济的发展。

在边境地区，随着边贸的快速增长，边境移动通信业务也是各运营商边境省和地市分公司的重要业务收入来源和业务增长点。由于各国移动通信发展的情况不同，对我们在边境的移动通信网络要求也有多种情况，因此在边境频率协调时采用的策略、方案各不相同，为了较好地解决该问题，需要针对不同的情况研究解决边境移动网络覆盖、干扰等问题。

11.2 边境（界）频率协调原则

边境（界）频率协调主要实行国际电信联盟指导原则。国际电信联盟（International Telecommunication Union，ITU），是国际上主管无线电频率规划和使用的最高机构。在 ITU 中规定了关于无线电使用的基本原则。ITU 也是主管信息通信技术（ICT）的联合国机构。在国际电信联盟的核心职责中就包括："致力于连通世界各国人民，无论他们身处何方，处境如何。通过我们的工作，保护并支持每个人的基本通信权利。"中国作为国际电信联盟的成员国，并在国际电信联盟《组织法》和《国际电信联盟公约》框架下，根据《无线电规则》有关规则和程序，处理与其他国家的无线电频率和台站事宜，包括无线电频率和台站的申报、协调、通知和登记，以及处理相关频率干扰问题[1]。

国际电信联盟的《无线电规则》的前言中指出：所有电台，不论其用途如何，在建立和使用时均不得对其他主管部门或经认可的运营机构，或对其他正式核准开办无线电业务并按照《无线电规则》操作的运营机构的无线电业务或通信造成有害干扰（《组织法》第 197 款）。其中，对于有害干扰的定义为：危害无线电导航或其他安全业务的运行，或严重损害、阻碍，或一再阻断按照《无线电规则》开展的无线电通信业务的干扰。

在国际电信联盟《无线电规则》的前提下，两国间在充分调研边境地区通信需求、地理情况和用户特性后，可以就频谱信道划分以及协调场强值提出自己的建议方案。欧盟有28个成员国，多数国家的面积狭小、邻邦众多。欧盟成员国间边境地区无线电频率过界覆盖情况更加复杂，但经过协调一致的欧盟成员国地面业务无线电频率使用井然有序，频谱利用率很高。无线电频谱资源得到了充分利用。欧洲电子通信委员会(ECC)在国际电信联盟相关建议基础上，经过各成员国的协商，形成了“欧洲 GSM 陆地移动系统（GSM 900、GSM 1800 和 GSM-R）之间的频率规划和边境协调”，即 ECC（05）08 号建议书。

ECC（05）08 建议书相比《无线电规则》更加详细，具有更好的操作性，提高了频谱利用率，减少了频率浪费和干扰问题。ECC（05）08 建议书签订以来，已经成为德国、法国、意大利等欧盟成员国共同遵守的重要频率协调方案，也为世界其他国家和地区的边界频率协调问题提供了重要参考。

该协议书主要考虑了以下情况：

（1）GSM 系统使用 890～915 MHz / 935～960 MHz 和 1 710～1 785 MHz / 1 805～1 880 MHz 频段工作，需要与相关的协议、规定等保持一致。

（2）E-GSM 系统使用 880～890 MHz / 925～935 MHz 频段工作，GSM-R 系统使用 876～880 MHz / 921～925 MHz，需要与相关的协议、规定保持一致。

（3）对于 GSM、E-GSM、GSM-R 系统，必须要考虑到其所在国的国家频率使用政策。

（4）国家对 GSM、E-GSM、GSM-R 系统的频率规划是由国家主管部门同意并由运营商执行或者主管部门和运营商协调执行。

（5）边境地区频率规划将基于两国政府主管部门的协议进行。

（6）协议是否能够达成主要取决于一系列的因素，例如技术、可操作性、地域性等。

（7）在两个使用 GSM 系统国家和按照《无线电规则》使用其他服务的国家，有必要进行频率系统程序和服务共享。

该协议书主要建议：

（1）在边境地区，进行 GSM 系统频率协调需要根据优先频率的概念。

（2）在 GSM 系统和邻国其他系统进行频率协调时应根据双边或多边协议。

（3）边境频率协调主要基于优先频率的概念：

只要其基站的每个载波的场强值在对方境内 15 千米处，3 米的接收高度，900 MHz 不超过 19 dBV/m 和 1 800 MHz 不超过 25 dBV/m，除了边缘的优先频率，其他的优先频率可以在边境任意使用。

当边境地区的优先频率分配给相应的国家后，边缘的优先信道应该使用边缘信道迁移或者其他的双边或多边协议来避免边缘信道的干扰。

非优先频率在边境边缘只要不超过限值就可以自由使用，这个值是在边境线上，3 米的天线接收高度，900 MHz 不超过 19 dBV/m 和 1 800 MHz 不超过 25 dBV/m。

在优先频率无法使用的情况下，所有频率将统一处理。

在有海岸线的国家，边境频率协调将基于优先频率原则，在两个国家之间将划定一个中间线。海岸线国家边境频率使用的其他原则将遵循主管部门的协议。

《边境地区地面无线电业务频率国际协调规定》[2]的附件 1 中列出了计算干扰强度的路径损耗办法；附件 2 中列出了多个干扰源的简化算法；附件 3 中列出了 GSM 系统技术参数；在附件 4 中列出了 GSM 系统和固定服务系统在 890～915 MHz / 935～960 MHz 频率协调的技术参数。

以下是频率协调步骤：

当开始频率协调时，需要提供以下信息：载波频点、基站名称、基站位置、经纬度、有效天线高度、天线极化方式、天线方位角、天线增益、有效辐射功率、预计覆盖面积和开通时间等。

无线电管理机构根据协调需求，在 30 天内预估结果并通知要协调的对方无线电管理机构。对方无线电管理机构可以要求相关协调方提供更多的信息来进行协调。如果 30 天内对方无线电管理机构没有收到回复，无线电管理机构可以发送一个通知。在发送提醒后 30 天内对方无线电管理机构没有回复，将被视为同意频率协调请求。上述时间可以由双方同意后延长。

随着通信技术的更新发展，针对不同频率 ECC 均发布了相应的参考文件。

在具体协调过程中可以根据实际情况参考使用。

11.3 案例分析

11.3.1 协调案例 1

中国与邻国的边境频率协调会议主要采取中国和邻国轮流主办的形式。在某次中国举办的边境频率会议上主要讨论 2 100 MHz 上两国的协调方案。双方聚焦的关键问题是优先场强值 E_1。对方认为 E_1 应定为 65 dBμV/m/5 MHz，该值是经过对方测算、覆盖和干扰之间的平衡值。中方认为 E_1 应定为 78 dBμV/m/5 MHz，这是中方经过内/外场测试，并考虑保障边境地区通信质量的下限值。双方在列举了各自的谈判方案后，最终以欧盟建议书为参考，确定并签署了谈判协议。

（1）WCDMA—CDMA2000 系统：1 920～1 940 MHz/2 110～2 130 MHz 两国共享此频段。共享场强值 $-E_3 \leqslant 65$ dBμV/m/5 MHz@L_3=0 km；$E_3 \leqslant 37$ dBμV/m/5 MHz@L_3=6 km。

（2）WCDMA—WCDMA 系统：1 940～1 945 MHz/2 130～2 135 MHz 为对方优先频段；1 945～1 950 MHz /2 135～2 140 MHz 为中国优先频段。

优先及非优先场强值：$-E_1 \leqslant 75$ dBμV/m/5 MHz@ L_1=0 km；$-E_2 \leqslant 65$ dBμV/m/5 MHz@ L_2=0 km；$E_2 \leqslant 37$ dBμV/m/5 MHz@ L_2=6 km。

（3）WCDMA—WCDMA 系统：1 950～1 965 MHz/2 140～2 155 MHz 为两国共享频段。共享场强值为 $E_3 \leqslant 65$ dBμV/m/5MHz@L_3= 0 km；$E_3 \leqslant 37$ dBμV/m / 5 MHz@ L_3=6 km。

11.3.2 协调案例 2

2017 年，中国与邻国边境频率协调在对方国举行，该会议主要聚焦在 2 300～2 400 MHz 和 2 500～2 690 MHz 两个频段。对方建议了极低的场强值，中方表示不理解。后来对方提出有两个重点区域（44°30′22.84″N 131°09′34.00″E、

43°06′08.79″N 131°10′14.54″E）需要保障极低的场强值，如果中方能够接受这个条件，剩余地区的场强值可适当提高。最终双方确定了该频段的使用准则，见表 11-1。

表 11-1 频段的使用准则

带宽（MHz）	中国与邻国边境 44°30′22.84″N 131°09′34.00″E 43°06′08.79″N 131°10′14.54″E 区域的协调场强（dBμV/m）	中国与邻国边境剩余区域的协调场强（dBμV/m）
5	20	30
＞5	20 + 10×log(BW/5)	30 + 10×log(BW/5)

11.4 小结

通过对两个案例中中国与邻国频率问题的分析，可以看出，边境频率协调问题越来越频繁，涉及的通信制式越来越多。随着中国和邻国相对不平衡的通信网络发展，两国间跨通信制式，例如 LTE-WCDMA、WCDMA-GSM 的通信协调问题渐渐涌现出来。而这种跨通信制式的协调在国际上先例较少，参考文件不多，需要日后更为翔实的工作积累和实验验证为协调方案的制定提供更为坚实的理论基础。

参 考 文 献

[1] ITU-R. 无线电规则：边境（界）协调原则.
[2] ECC（01）01. The frequency coordination rules.

第 12 章
政策监管

从广义上看，频谱资源的分配和管理也属于政策监管的一部分，本章探讨了当前市场和竞争环境下，非对称监管的必要性，结合美国、欧盟和韩国的无线电管理机构在电信非对称监管方面的案例，提出了国内非对称监管的初步建议。

12.1 非对称监管的意义

12.1.1 非对称监管的定义

非对称监管，是指在通信市场的发展过程中，为了维护电信市场的公平均衡的竞争态势，防止市场中的主导运营商利用自己的网络优势或竞争优势垄断市场，政府自身或其授权的监管机构对主导运营商和其他运营商施加不同的监管策略。非对称监管政策对主导运营商施加更多的监管，而赋予其他运营商各类优惠和倾斜政策，主要类型包括：价格管制、横向拆分、纵向拆分、限制主导运营商业务范围、分立经营、互联互通和单向号码可携带转网等。

12.1.2 非对称监管的必要性

由于电信产业存在规模经济、范围经济和网络外部性，同时网络的基础设施建设成本高昂、周期漫长，处于市场领导地位的运营商很容易对其他运营商产生压倒性的竞争优势，单纯依靠市场机制难以形成“有效竞争”。当主导运营商拥有绝对的市场控制力时，其他的弱势运营商在市场中就会面临市场挤压和经营困难，从而导致竞争矛盾突出，市场结构失衡。在此基础上，如若缺乏非对称监管，将刺激主导运营商市场行为的扭曲，引发恶性竞争，导致市场主体的实力差距不断拉大。例如，当主导运营商以价格战进行竞争，而不是积极引导技术和业务创新，必将损害整个行业的持续健康发展。

非对称监管能及时扭转市场失衡，促进电信市场的公平有效竞争。非对称监管能对主导运营商进行更有效的监管，能够维护电信市场公平的竞争秩序，防止主导地位的运营商滥用市场权利进行不正当竞争行为，比如违规经营、恶性价格战等。

12.2 非对称监管的国际案例

为避免主导运营商垄断而导致市场失衡，国际上发达国家纷纷着手加大监管力度，对市场主导者实施非对称监管，促进运营商之间形成有效的竞争，力争市场平衡健康地发展，最大化整个国家的利益。通过持续不断地推进通信监管的进程，一些国家取得了显著的效果。部分国家运营商的 4G 市场份额情况（GSMA 2018Q2）如图 12-1 所示。

根据 GSMA 2018Q2 统计，国际上各个国家的运营商 4G 市场分布较为均衡，各国市场份额最高的运营商比例均未超过 50%；反观国内，主导运营商的全国 4G 市场份额超过了 60%[1~3]。

12.2.1 美国电信非对称监管

美国从 20 世纪 50 年代起，先后对垄断者 AT&T 采取了强制拆分、资费管制等一系列非对称管制措施。1984 年，美国司法部依据《反托拉斯法》拆分 AT&T，分拆出一个继承了母公司名称的新 AT&T 公司（专营长途电话业务）和七个本地电话公司（即“贝尔七兄弟”）。此次拆分结束了 AT&T 对美国长途电话、市话和国际长途通信长达 70 年之久的垄断。美国通信业从此进入了竞争时代。1996 年以前，美国联邦通信委员会（FCC）长期将 AT&T 作为长途电话市场支配性运营商进行非对称监管，要求其资费必须经过单独审批，而其他竞争者资费实行报备。非对称监管政策的实施有效地降低了非主导运营商的进入

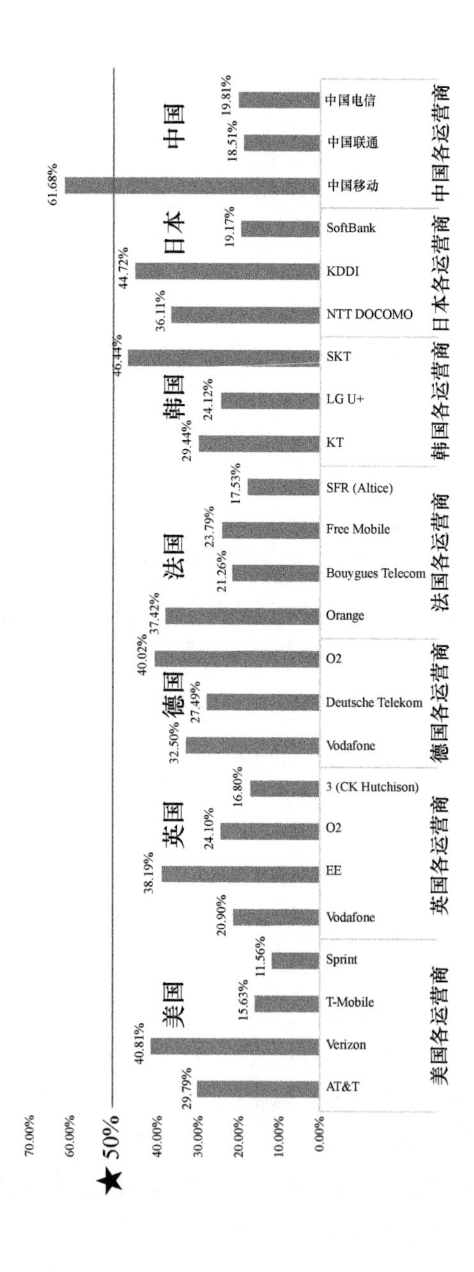

图 12-1 部分国家运营商 4G 市场份额情况（GSMA 2018Q2）

门槛，使市场竞争更加充分。经过半个多世纪的非对称监管，AT&T 由 20 世纪的绝对垄断到现在 29.79%的市场份额。

12.2.2 欧盟电信非对称监管

欧盟于 2002 年 11 月出台《在欧盟管制框架下进行市场对评估和 SMP 评估的指导》，对如何定义主导运营商以及采取哪些非对称监管制度进行了明确的规定。《在欧盟管制框架下进行市场对评估和 SMP 评估的指导》指出，如果一家运营商单独或者联合占有市场优势地位，其经济势力强大到能够独立于竞争者、客户以及最终消费者实施市场行为，而且达到显著的程度，该运营商被定义为主导运营商。监管方对主导运营商施加的义务包括：业务分离、资费管制、反竞争行为监管等。业务分离方面，要求主导运营商将竞争性业务和垄断性业务在内部实行分开经营和财务分离，限制交叉补贴。比如英国电信曾被要求将固网业务与移动业务分开经营。而反竞争行为管制方面，对主导运营商的交叉补贴、垂直价格挤压、掠夺式定价等行为进行重点审查，禁止反竞争行为。2007 年法国电信被欧盟认定为在宽带接入市场采取掠夺性低价倾销而处以 1 035 万欧元罚款。

12.2.3 韩国电信非对称监管

韩国公正交易委员会曾经要求 SKT 在 2001 年 6 月底之前把市场份额所占总额的比例降到 50%以下，否则每天罚款 10 亿韩币（相当于 800 多万人民币）；SKT 的资费、产品等相关协议发生变更时，需要得到 MIC（韩国电信管制部门）的批准，而其他运营商的入网协议发生变更时，只需要在 MIC 申报备案即可。在监管政策执行下，SKT 的市场份额由 1999 年的 56.9%降至 2001 年的 49.8%，而当前稳定在 46.21%。受市场份额管制制约，SKT 避免了低价竞争行为，转而集中精力提高 ARPU 值。SKT 发挥有线/无线业务的领先优势，积极创新移动音乐、电影、游戏、视频等内容业务，通过大力发展技术和升级服务，带动整个韩国无线业务处于世界领先地位。

12.3 当前国内电信市场竞争和发展现状

国内各运营商在当前 4G 电信市场中的发展正面临较为不均衡的态势。主导运营商的高公司营收及利润驱动高 CAPEX 投入，高 CAPEX 投入打造高用户规模，高用户规模又创造高公司营收及利润，循环往复，滚雪球般汹涌出巨大的马太效应，如图 12-2 所示。

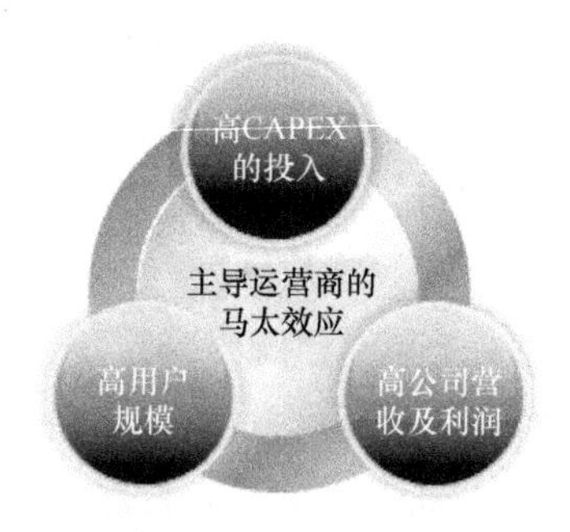

图 12-2 主导运营商的马太效应

同时，在 4G 取得绝对领先后，主导运营商同时在固网方面也展开了强势的布局，推出了远低于其他运营商价格的宽带产品抢占新增用户，大力推广包括“手机用移动，宽带免费送”的活动，进一步引发固网市场的失衡。根据国内各运营商 2015—2018 年年报[1~12]，各家运营商有线宽带总用户数及 ARPU 值分别如图 12-3 和图 12-4 所示。截至 2018 年年底，中国移动有线宽带用户总数已达 1.57 亿，超过中国电信有线宽带总数约 1 100 万，达到国内第一，但其 ARPU 值仅 34.4 元，为其他两家运营商的 80%左右。同时，中国电信和中国联通有线宽带用户 ARPU 也是逐年降低的趋势，相比于 2015 年有线宽带用户 ARPU，2018 年电信和联通的 ARPU 分别降低了 22.62%和 29.88%。

12.4 关于国内非对称监管的探讨

随着国内 5G 试验频率分配的确定，2019 年是国内 5G 网络商用的元年，国内三家运营商都将积极投入到 5G 网络的建设中，但由于 5G 新增频率主要在

3.5 GHz、4.8 GHz 和 2.6 GHz 上，频段相对较高，5G 网络将面临极大的投资需求和压力。

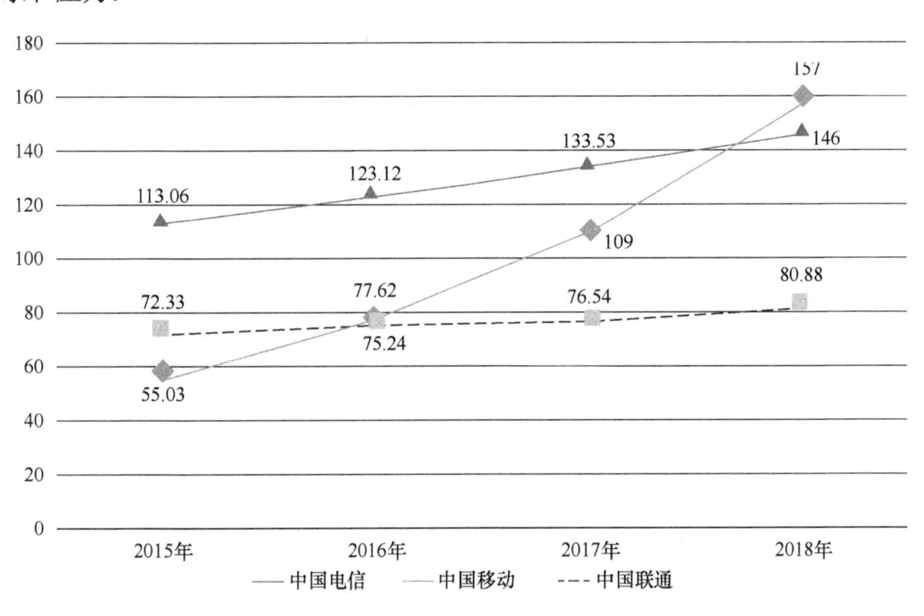

图 12-3 2015—2018 年国内三家运营商有线宽带用户数（单位：百万）

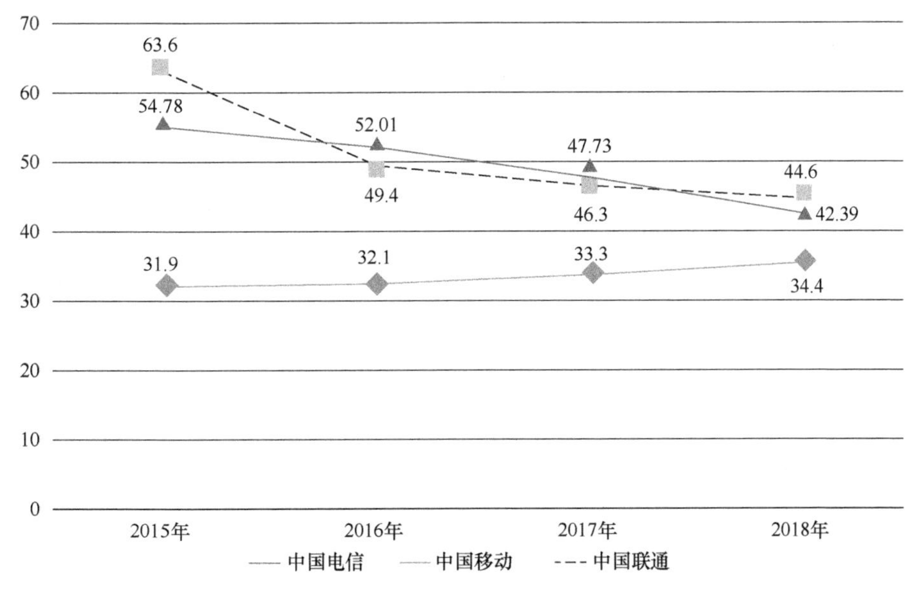

图 12-4 2015—2018 年三家运营商固网宽带用户 ARPU 趋势（单位：元/户/月）

从国家间的 5G 战略竞争的角度，由于韩国、美国的抢跑，中国的优势更在于 5G 网络和产业的规模优势，因此在初期做大国内 5G 网络投资和规模，将有利于提升中国的 5G 产业成熟度和国际竞争力。

从 4G 网络部署经验来看，中国三大运营商任何一家的 4G 网络及连接规模在全球都是最大的，如图 12-5 和图 12-6 所示。

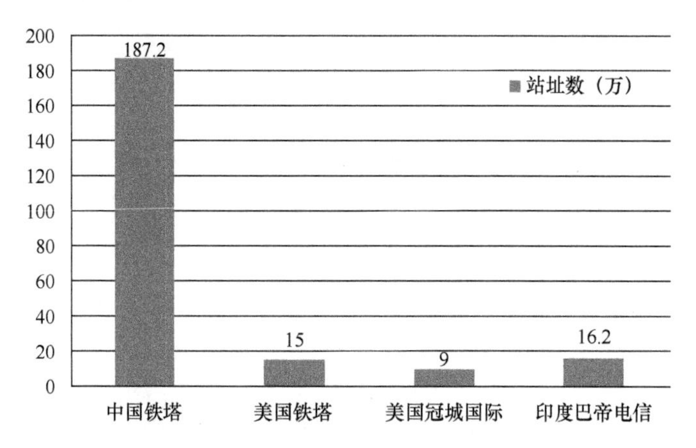

图 12-5　截至 2017 年年底，全球拥有 3 万座或以上铁塔的上市公司站址数量[13~15]

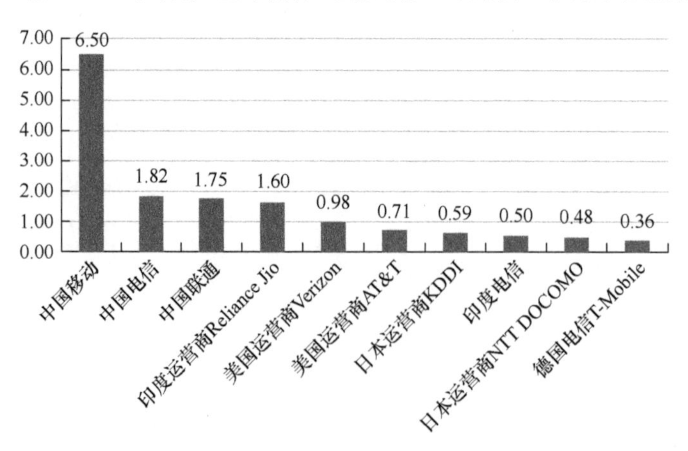

图 12-6　截至 2017 年年底，全球排名前 10 家运营商的 4G 网络连接①（单位：亿）

到 5G 时代，相信国内各家运营商的 5G 网络规模依然会是全球最大的，因此笔者认为政策层面顶层设计的最大目标应是促进国内各运营商间的市

① 数据来源于 GSMA 智库。

场、利润差距能在 5G 时代有机会得以缩小，以保障各家都有实力部署良好的 5G 网络，最大化促进国内 5G 产业的良性发展，拉升国内 5G 投资，同时通过良性竞争，也将给国内用户提供更好的 5G 服务和体验。于是提出以下初步建议供探讨：

（1）在移动网络方面，建议加强国内 5G 市场份额管控，比如参照国际成熟经验，对于超过一定市场份额的主导运营商采取监管措施。

（2）在固网方面，建议管控主导运营商交叉补贴、垄断倾销等方式捆绑推销固网宽带。

通过以上监管措施的介入和实施，可有效辅助建立一个良好的市场竞争环境，确保国有资本的保值和增值，同时促进通信行业的均衡、健康发展，以及中国 5G 网络、产业的全球规模引领。

同时，国内三大运营商之间如何避免或减少简单的纯价格恶性竞争，更多从用户服务和体验的角度展开竞争，也是从业者需要思考的一个方面。

12.5 小结

中国已经部署了全球最大的 4G 网络，也拥有全球最多的 4G 用户。在 5G 网络即将规模商用之际，相对均衡的电信市场有利于整个行业的健康发展，有利于中国 5G 网络、产业的全球规模引领，促进国内 5G 产业良性竞争和发展，同时通过良性竞争，也将给国内用户提供更好的 5G 服务和体验。上述目标的实现需要监管机构、各运营商和业内其他各方的共同努力。

参 考 文 献

[1] 中国电信. 中国电信股份有限公司 2018 年年报[EB/OL]. 2019-03 [2019-12-12]. https://www. chinatelecom-h.com/tc/ir/report/annual2018.pdf.

[2] 中国移动. 中国移动有限公司 2018 年年报[EB/OL]. 2019-03 [2019-12-12]. https://www. chinamobileltd.com/tc/ir/reports/ar2018.pdf.

[3] 中国联通. 中国联合网络通信股份有限公司 2018 年年报[EB/OL]. 2019-03 [2019-12-12]. http://doc. irasia.com/listco/hk/chinaunicom/annual/2018/cres.pdf.
[4] 中国电信. 中国电信股份有限公司 2017 年年报[EB/OL]. 2018-03 [2019-12-12]. https://www. chinatelecom-h.com/tc/ir/report/annual2017.pdf.
[5] 中国移动. 中国移动有限公司 2017 年年报[EB/OL]. 2018-03 [2019-12-12]. https://www. chinamobileltd.com/tc/ir/reports/ar2017.pdf.
[6] 中国联通. 中国联合网络通信股份有限公司 2017 年年报[EB/OL]. 2018-03 [2019-12-12]. http://doc. irasia.com/listco/hk/chinaunicom/annual/2017/cres.pdf.
[7] 中国电信. 中国电信股份有限公司 2016 年年报[EB/OL]. 2017-03 [2019-12-12]. https://www. chinatelecom-h.com/tc/ir/report/annual2016.pdf.
[8] 中国移动. 中国移动有限公司 2016 年年报[EB/OL]. 2017-03 [2019-12-12]. https://www. chinamobileltd.com/tc/ir/reports/ar2016.pdf.
[9] 中国联通. 中国联合网络通信股份有限公司 2016 年年报[EB/OL]. 2016-03 [2019-12-12]. http://doc. irasia.com/listco/hk/chinaunicom/annual/2016/cres.pdf.
[10] 中国电信. 中国电信股份有限公司 2015 年年报[EB/OL]. 2016-03 [2019-12-12]. https://www. chinatelecom-h.com/tc/ir/report/annual2015.pdf.
[11] 中国移动. 中国移动有限公司 2015 年年报[EB/OL]. 2016-03 [2019-12-12]. https://www. chinamobileltd.com/tc/ir/reports/ar2015.pdf.
[12] 中国联通. 中国联合网络通信股份有限公司 2015 年年报[EB/OL]. 2016-03 [2019-12-12]. http://doc. irasia.com/listco/hk/chinaunicom/annual/2015/cres.pdf.
[13] 罗明伟. 电信竞争规则与市场监管[M]. 北京：人民邮电出版社，2014.
[14] 夏冰. 国外电信不对称管制经验分析[J]. 集团经济研究，2006（11）.
[15] 中国铁塔. 中国铁塔 2018 年全球招股书[EB/OL]. 2018-08 [2019-12-12]. https://www. china-tower. com/uploads/CW_0788ipo.pdf.

缩 略 语

缩 略 语	英 文 全 称	中 文
3GPP	3rd Generation Partnership Project	第三代合作伙伴计划
5G	The 5th generation of cellular mobile communications	第五代蜂窝移动通信
5GAA	5G Automotive Association	5G 汽车协会
AAS	Active Antenna array System	有源阵列天线系统
ACIR	Adjacent Channel Interference Ratio	相邻信道干扰功率比
ACLR	Adjacent Channel Leakage Ratio	邻道泄漏比
ACS	Adjacent Channel Selectivity	邻道选择性
AMR	Adaptive Multi Rate	自适应多速率
APG	APT Conference Preparatory Group for World Radiocommunication Conference	亚太电信组织世界无线电通信大会筹备组
APT	Asia-Pacific Telecommunity	亚洲–太平洋电信组织
AR	Augmented Reality	增强现实
ARIB	Association of Radio Industries and Businesses	日本无线工业及商贸联合会
ARPU	Average Revenue Per User	每用户平均收入
ASMG	Arab Spectrum Management Group	阿拉伯频谱管理组
AT&T	American Telephone & Telegraph Company	美国电话电报公司
ATU	African Telecommunications Union	非洲电信联盟
BS	Base Station	基站
BSS	Broadcasting-Satellite Service	卫星广播业务
CA	Carrier Aggregation	载波聚合
CAPEX	Capital Expenditure	资本性支出
CCA	Clear Channel Assessment	空闲信道评估
CCSA	China Communications Standards Association	中国通信标准化协会
CEPT	European Conference of Postal and Telecommunications Administrations	欧洲邮电管理委员会
CITEL	Inter-American Telecommunication Commission	美洲电信联盟
CPG	Conference Preparatory Group	筹备会议工作组
CPM	Conference Preparatory Meeting	（WRC）筹备会议
CS64K	64 kbps video phone service of Circuit Switch	64K 可视电话业务

续表

缩 略 语	英 文 全 称	中 文
CSAT	Carrier-Sensing Adaptive Transmission	载波侦听自适应传输
C-V2X	Cellular Vehicle-to-Everything	基于蜂窝技术的车辆通信（蜂窝车联网）
CWS	Contention Window Size	竞争窗长度
DAS	Distributed Antenna System	分布式天线系统
DFS	Dynamic Frequency Selection	动态频率选择
DOU	Dataflow of usage	平均每户每月上网流量
DSRC	Dedicated short-range communications	专用短程通信技术
ECC	Electronic Communications Committee	（欧洲）电子通信委员会
EESS	Earth Exploration-sattellite Servie	卫星地球探测业务
EFR	Enhanced Full Rate Speed Encoding	增强型全速率编码
EIRP	Effective Isotropic Radiated Power	等效全向辐射功率
ELF	Extremely Low Frequency	极低频（超低频）
eMBB	Enhanced Mobile Broadband	增强移动带宽
EMC	Electromagnetic Compatibility	电磁兼容性
eMTC	Enhanced Machine Type Communication	增强机器类通信
ETSI	European Telecommunications Standards Institute	欧洲电信标准化协会
FCC	Federal Communications Commission	美国联邦通信委员会
FDD	Frequency Division Duplexing	频分双工
FR	Frequency Range	频率范围
FSG	Future Spectrum Group	未来频谱组
FSS	Fixed-Satellite Service	卫星固定业务
GLDB	Geo-Location Database	地理位置数据库
GSM	Global System for Mobile Communications	全球移动通信系统
GSMA	Global System for Mobile Communications Association	全球移动通信系统协会
GPRS	General Packet Radio Service	通用分组无线业务
HAPS	High Altitude Platform Station	高空平台台站
HF	High Frequency	高频
HSPDA	High Speed Downlink Packet Access	高速下行分组接入
HSPA	High Speed Packet Access	高速分组接入
HR	Half Rate	半速率
IEEE	Institute of Electrical and Electronics Engineers	电气和电子工程师协会
IMT	International Mobile Telecommunications	国际移动通信
IPC	Interference Protection Criteria	干扰保护准则

续表

缩 略 语	英 文 全 称	中　　文
ITS	Intelligent Traffic System	智能交通系统
ITU	International Telecommunication Union	国际电信联盟
ITU-R	ITU Radio Communication Sector	国际电信联盟无线电通信组
KT	Korea Telecommunications Corporation	韩国电信
LAA	License Assisted Access	授权频谱辅助接入
LBT	Listen-before-talk	对话前侦听
LF	Low Frequency	低频
LG U+	LG U+Telecom	LG U+电信
LPWA	Low-Power Wide-Area	低功耗广域覆盖
LSA	Licensed Shared Access	授权共享接入
LTE FDD	Long-Term Evolution Frequency-Division Duplex	频分双工长期演进
LTE-U	LTE-Unlicensed	非授权 LTE
MCL	Minimum Coupling Loss	最小耦合损耗
MF	Medium Frequency	中频
MIMO	Multiple-Input Multiple-Output	多输入多输出
mMTC	massive Machine Type of Communication	海量机器类通信
MSS	Mobile-Satellite Service	卫星移动业务
NB-IoT	Narrow band-internet of things	窄带物联网
NR	New Radio	新空口
OPEX	Operational Expenditure	企业的管理支出，运营成本
PCell	Primary cell	主小区
PPI	Pixels Per Inch	每英寸像素
PT	Project Team	工作组/项目组/项目工作组
QoS	Quality of Service	服务质量
RAN	Radio Access Network	无线接入网络
RAS	Radio Astronomy Service	射电天文业务
RATG	Radio Access Technology Group	无线电接入技术组
RB	Resource Block	资源块
RCC	Regional Commonwealth in the field of Communications	区域通信联合体
RDSS	Radiodetermination-satellite Service	卫星无线电测定业务
RE	Radio Enviorment	无线电环境
RF	Radio Frequency	射频
RLAN	Radio Local Area Network	无线局域网
RPE-LTP	Regular Pulse Excitation-Long Term Prediction	规则脉冲激励长期预测编码

续表

缩略语	英文全称	中文
SC	Spectrum Coordinator	频谱协调器
SC	Service Category	业务类别（用于业务分类）
SCell	Secondary cell	辅小区
SDRs	Software Defined Radios	软件定义无线电设备
SE	Service Enviorment	业务环境
SG	Study Group	研究组
SHF	Super High Frequency	超高频
SKT	SK Telecom	SK 电讯
SLF	Super Low Frequency	超低频
SMP	Significant Market Power	显著市场力量
SPWG	Spectrum Policy Working Group	频谱政策组
SRS	Space Research Service	空间研究业务
SUL	Supplementary Uplink	上行增强
TC	Technical Commitee	技术工作委员会
TCO	Total Cost of Ownership	总拥有成本
TDD	Time Division Duplexing	时分双工
TD-LTE	Time Division Long-Term Evolution	分时长期演进/第四代数字蜂窝移动通信系统
TG	Task Group	任务组
ATIS	Alliance for Telecommunications Industry Solutions	电信行业解决方案联盟
TLF	Tremendously Low Frequency	至低频
TPC	Transmit Power Control	发射功率控制
TTA	Telecommunications Technology Association	韩国电信技术协会
TTC	Telecommunication Technology Committee	日本电信技术委员会
TVWS	TV White Space	电视空白频段
UE	User Equipment	用户设备
UHF	Ultra High Frequency	特高频
ULF	Ultra Low Frequency	特低频
uRLLC	Ultra-Reliable Low-Latency Communications	超高可靠低时延通信
V2X	Vehicle to everything	车到一切
VHF	Very High Frequency	甚高频
VLF	Very Low Frequency	甚低频
VoLTE	Voice over Long-Term Evolution	长期演进语音承载
VoNR	Voice over New Radio	5G 新空口语音承载

续表

缩 略 语	英 文 全 称	中　　文
VR	Virtual Reality	虚拟现实
WAS	Wireless Access Systems	无线接入系统
WCDMA	Wide band Code Division Multiple Access	宽带码分多址
WG	Working Group	工作组
Wi-Fi	Wireless Fidelity	无线上网
WLAN	Wireless Local Area Networks	无线局域网络
WP	Working Party	工作组
WRC	World Radiocommunication Conferences	世界无线电通信大会
WSD	White Space Device	空闲频谱设备